住房和城乡建设领域专业人员岗位培训考核系列用书

试验员专业管理实务

江苏省建设教育协会　组织编写

中国建筑工业出版社

图书在版编目(CIP)数据

试验员专业管理实务/江苏省建设教育协会组织编
写. —北京：中国建筑工业出版社，2014.4（2023.9重印）
住房和城乡建设领域专业人员岗位培训考核系列用书
ISBN 978-7-112-16619-0

Ⅰ.①试… Ⅱ.①江… Ⅲ.①建筑材料-材料试验-岗
位培训-教材 Ⅳ.①TU502

中国版本图书馆 CIP 数据核字(2014)第 056757 号

本书是《住房和城乡建设领域专业人员岗位培训考核系列用书》中的
一本。全书共分 4 章，包括水泥、混凝土、钢筋、实验管理。本书可作为
试验岗位考试的指导用书，又可作为施工现场相关专业人员的实用手
册，也可供职业院校师生和相关专业技术人员参考使用。

* * *

责任编辑：刘 江 岳建光 王华月
责任设计：李志立
责任校对：陈晶晶 刘 钰

住房和城乡建设领域专业人员岗位培训考核系列用书
试验员专业管理实务
江苏省建设教育协会 组织编写
*
中国建筑工业出版社出版、发行（北京西郊百万庄）
各地新华书店、建筑书店经销
北京科地亚盟排版公司制版
建工社（河北）印刷有限公司印刷
*
开本：787×1092 毫米 1/16 印张：9¼ 字数：222 千字
2014 年 9 月第一版 2023 年 9 月第九次印刷
定价：**26.00** 元
ISBN 978 - 7 - 112 - 16619 - 0
(25356)

住房和城乡建设领域专业人员岗位培训考核系列用书

3

出版说明

为加强住房城乡建设领域人才队伍建设，住房和城乡建设部组织编制了住房城乡建设领域专业人员职业标准。实施新颁职业标准，有利于进一步完善建设领域生产一线岗位培训考核工作，不断提高建设从业人员队伍素质，更好地保障施工质量和安全生产。第一部职业标准——《建筑与市政工程施工现场专业人员职业标准》（以下简称《职业标准》），已于 2012 年 1 月 1 日实施，其余职业标准也在制定中，并将陆续发布实施。

为贯彻落实《职业标准》，受江苏省住房和城乡建设厅委托，江苏省建设教育协会组织了具有较高理论水平和丰富实践经验的专家和学者，以职业标准为指导，结合一线专业人员的岗位工作实际，按照综合性、实用性、科学性和前瞻性的要求，编写了这套《住房和城乡建设领域专业人员岗位培训考核系列用书》（以下简称《考核系列用书》）。

本套《考核系列用书》覆盖施工员、质量员、资料员、机械员、材料员、劳务员等《职业标准》涉及的岗位（其中，施工员、质量员分为土建施工、装饰装修、设备安装和市政工程四个子专业），并根据实际需求增加了试验员、城建档案管理员岗位；每个岗位结合其职业特点以及培训考核的要求，包括《专业基础知识》、《专业管理实务》和《考试大纲·习题集》三个分册。随着住房城乡建设领域专业人员职业标准的陆续发布实施和岗位的需求，本套《考核系列用书》还将不断补充和完善。

本套《考核系列用书》系统性、针对性较强，通俗易懂，图文并茂，深入浅出，配以考试大纲和习题集，力求做到易学、易懂、易记、易操作。既是相关岗位培训考核的指导用书，又是一线专业人员的实用手册；既可供建设单位、施工单位及相关高、中等职业院校教学培训使用，又可供相关专业技术人员自学参考使用。

本套《考核系列用书》在编写过程中，虽经多次推敲修改，但由于时间仓促，加之编者水平有限，如有疏漏之处，恳请广大读者批评指正（相关意见和建议请发送至 JYXH05@163.com），以便我们认真加以修改，不断完善。

本书编写委员会

主　　　编： 刘建忠

副 主 编： 李治安　王　宏

编写人员： 刘建忠　王　宏　李治安　张倩倩

　　　　　　　胡忠心　褚　莹　张志权　刘　强

前　言

为贯彻落实住房城乡建设领域专业人员新颁职业标准，受江苏省住房和城乡建设厅委托，江苏省建设教育协会组织编写了《住房和城乡建设领域专业人员岗位培训考核系列用书》，本书为其中的一本。

试验员是施工现场的专业人员之一，担负着鉴定各类专业施工原料、检验施工现场成品质量、对试验资料进行统计分析等工作，对保证工程原材料质量和施工质量十分重要。《建筑与市政工程施工现场专业人员职业标准》中没有纳入试验员，但考虑到其岗位的重要性，为适应施工现场试验人员的实际需求，在原江苏省建设专业管理人员岗位培训教材的基础上调整、修编了试验员培训考核用书。

试验员培训考核用书包括《试验员专业基础知识》、《试验员专业管理实务》、《试验员考试大纲·习题集》三本，反映了国家现行规范、规程、标准，并以原材料试验、成品与半成品性能检测为主线，涵盖了现场材料试验人员应掌握的通用知识、基础知识和岗位知识。

本书为《试验员专业管理实务》分册。全书共分 4 章，内容包括：水泥；混凝土；钢筋；实验管理。

本书部分内容参考了江苏省建设专业管理人员岗位培训教材，对原培训教材作者的辛勤劳动和对本书出版工作的支持表示衷心感谢！

本书既可作为试验员岗位培训考核的指导用书，又可作为一线专业人员的实用手册，也可供职业院校师生和相关专业技术人员参考使用。

目　　录

第1章　水泥 ·· 1

1.1　水泥细度检验方法（筛析法） ·· 1

　　1.1.1　适用范围 ·· 1

　　1.1.2　检测依据及涉及标准 ·· 1

　　1.1.3　方法原理 ·· 1

　　1.1.4　术语和定义 ··· 1

　　1.1.5　仪器 ·· 2

　　1.1.6　样品要求 ·· 3

　　1.1.7　操作程序 ·· 3

　　1.1.8　结果计算及处理 ·· 4

　　1.1.9　水泥试验筛的标定方法 ·· 4

1.2　水泥比表面积测定方法（勃氏法） ··· 5

　　1.2.1　检测依据及涉及标准 ·· 5

　　1.2.2　方法原理 ·· 6

　　1.2.3　术语和定义 ··· 6

　　1.2.4　试验设备及条件 ·· 6

　　1.2.5　仪器校准 ·· 7

　　1.2.6　操作步骤 ·· 7

　　1.2.7　计算 ·· 8

　　1.2.8　水泥密度检测 ··· 9

1.3　水泥标准稠度用水量、凝结时间、安定性检验方法 ································· 10

　　1.3.1　适用范围 ·· 10

　　1.3.2　检测依据及涉及标准 ·· 10

　　1.3.3　原理 ·· 11

　　1.3.4　仪器设备 ·· 11

　　1.3.5　材料 ·· 13

　　1.3.6　试验条件 ·· 13

　　1.3.7　标准稠度用水量测定（标准法） ·· 14

　　1.3.8　凝结时间测定方法 ··· 14

　　1.3.9　安定性测定方法（标准法） ·· 15

　　1.3.10　标准稠度用水量测定方法（代用法） ··· 16

　　1.3.11　安定性测定方法（代用法） ·· 16

　　1.3.12　试验报告 ··· 17

1.4 水泥胶砂流动度测定方法 ················· 17
  1.4.1 适用范围 ····················· 17
  1.4.2 检测依据及涉及标准 ·············· 17
  1.4.3 方法原理 ····················· 18
  1.4.4 试验室和设备 ·················· 18
  1.4.5 试验材料及条件 ················ 18
  1.4.6 试验方法 ····················· 18
  1.4.7 结果与计算 ··················· 19
1.5 水泥胶砂强度检验方法（ISO法） ········· 19
  1.5.1 适用范围 ····················· 19
  1.5.2 检测依据及涉及标准 ·············· 19
  1.5.3 方法概要 ····················· 19
  1.5.4 试验室和设备 ·················· 20
  1.5.5 胶砂组成 ····················· 23
  1.5.6 胶砂的制备 ··················· 23
  1.5.7 试件的制备 ··················· 24
  1.5.8 试件的养护 ··················· 24
  1.5.9 试验程序 ····················· 25
  1.5.10 水泥的检验结果 ················ 26
思考题与习题 ························· 28

第2章 混凝土 ······················· 30
2.1 混凝土用砂的检验 ················· 30
  2.1.1 砂的筛分析试验 ················ 30
  2.1.2 砂中含泥量测定 ················ 32
  2.1.3 砂中泥块含量测定 ·············· 33
  2.1.4 砂的表观密度试验 ·············· 33
  2.1.5 砂的堆积密度与紧密密度试验 ······· 34
2.2 混凝土用石的检验 ················· 35
  2.2.1 石子的筛分析试验 ·············· 35
  2.2.2 石子含泥量测定 ················ 36
  2.2.3 碎、卵石泥块含量测定 ············ 37
  2.2.4 石子压碎值测定 ················ 38
  2.2.5 含水率的测定 ·················· 39
  2.2.6 针状和片状颗粒的总量试验 ········· 39
2.3 混凝土掺合料的检测 ··············· 40
  2.3.1 粉煤灰的检测 ·················· 40
  2.3.2 粒化高炉矿渣粉活性指数及流动度比的检测 ··· 43
2.4 混凝土外加剂 ··················· 44
  2.4.1 混凝土外加剂性能试验方法（匀质性试验方法） ··· 44
  2.4.2 混凝土外加剂性能试验方法（受检混凝土指标） ··· 54

　　　2.4.3　检验规则 ································ 60
　　　2.4.4　膨胀剂 ·································· 61
　　　2.4.5　防冻剂 ·································· 69
　2.5　混凝土用水的检验 ···························· 78
　　　2.5.1　检测依据 ································ 78
　　　2.5.2　检验方法 ································ 78
　　　2.5.3　检验规则 ································ 79
　　　2.5.4　结果评定 ································ 80
　2.6　混凝土性能检测 ······························ 80
　　　2.6.1　检测依据 ································ 80
　　　2.6.2　混凝土拌合物性能检验 ·················· 80
　　　2.6.3　混凝土力学性能检测 ···················· 82
　　　2.6.4　混凝土耐久性能检测 ···················· 88
　2.7　混凝土强度的检验评定 ························ 89
　　　2.7.1　检测依据 ································ 89
　　　2.7.2　混凝土强度的检验评定 ·················· 89
　思考题与习题 ···································· 90

第3章　钢筋 ·· 91
　3.1　钢筋接头质量检验 ···························· 91
　　　3.1.1　检测依据 ································ 91
　　　3.1.2　钢筋的焊接及验收 ······················ 91
　　　3.1.3　钢筋的机械连接及验收 ·················· 108
　3.2　钢筋的试验方法 ······························ 118
　　　3.2.1　检测依据 ································ 118
　　　3.2.2　钢筋混凝土用钢 ························ 118
　　　3.2.3　拉伸试验 ································ 122
　　　3.2.4　弯曲试验 ································ 125
　　　3.2.5　反复弯曲试验 ·························· 127

第4章　实验管理 ···································· 129
　4.1　建筑工程检测试验技术管理 ···················· 129
　　　4.1.1　基本规定 ································ 129
　　　4.1.2　检测试验项目 ·························· 130
　　　4.1.3　管理要求 ································ 132
　4.2　试验数字修约 ································ 135
　　　4.2.1　依据 ···································· 135
　　　4.2.2　适用范围 ································ 135
　　　4.2.3　术语和定义 ·························· 135
　　　4.2.4　数值修约规则 ·························· 136

第1章 水　泥

1.1　水泥细度检验方法（筛析法）

1.1.1　适用范围

本方法规定了 $45\mu m$ 方孔标准筛和 $80\mu m$ 方孔标准筛的水泥细度筛析试验方法。

本方法适用于硅酸盐水泥、普通硅酸盐水泥、矿渣硅酸盐水泥、火山灰质硅酸盐水泥、粉煤灰硅酸盐水泥、复合硅酸盐水泥以及指定采用本标准的其他品种水泥的粉状物料。

1.1.2　检测依据及涉及标准

检测依据：《水泥细度检验方法筛析法》GB/T 1345—2005

涉及标准有：

《金属丝编织网试验筛》GB/T 6003.1—2012

《水泥取样方法》GB 12573—2008

《水泥细度和比表面积标准样》GSB 14—1511—2009（A）

《水泥标准筛和筛析仪》JC/T 728—2005

1.1.3　方法原理

采用 $80\mu m$ 方孔筛和 $45\mu m$ 方孔筛对水泥试样进行筛析试验，用筛上筛余物的质量百分数来表示水泥样品的细度。为保持筛孔的标准度，在用试验筛应用已知筛余的标准样品来标定。

1.1.4　术语和定义

1. 负压筛析法

用负压筛析仪，通过负压源产生的恒定气流，在规定筛析时间内使试验筛内的水泥达到筛分。

2. 水筛法

将试验筛放在水筛座上，用规定压力的水流，在规定时间内使试验筛内的水泥达到筛分。

3. 手工筛析法

将试验筛放在接料盘（底盘）上，用手工按照规定的拍打速度和转动角度，对水泥进行筛析试验。

1.1.5 仪器

1. 试验筛

（1）试验筛由圆形筛框和筛网组成，筛网符合《试验筛 金属丝编织网、穿孔板和电成型薄板 筛孔的基本尺寸》GB/T 6005—2008，R20/3，80μm，《试验筛 金属丝编织网、穿孔板和电成型薄板 筛孔的基本尺寸》GB/T 6005—2008，R20/3，45μm 的要求，分负压筛、水筛和手工筛三种，负压筛和水筛的结构尺寸见图 1-1、图 1-2 和图 1-3，负压筛应附有透明筛盖，筛盖与筛上口应有良好的密封性。手工筛结构符合 GB/T 6003.1—2012，其中筛框高度为 50mm，筛子的直径为 150mm。

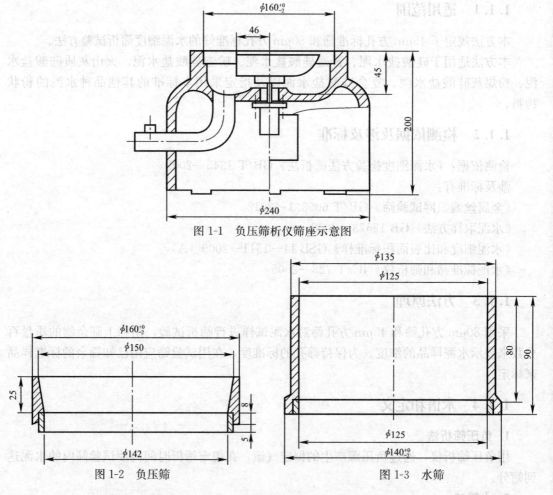

图 1-1　负压筛析仪筛座示意图

图 1-2　负压筛

图 1-3　水筛

（2）筛网应紧绷在筛框上，筛网和筛框接触处，应用防水胶密封，防止水泥嵌入。

（3）筛孔尺寸的检验方法按《试验筛 技术要求和检验 第 1 部分：金属丝编织网试验筛》GB/T 6003.1—2012 进行。由于物料会对筛网产生磨损，试验筛每使用 100 次后需重新标定，标定方法按 1.1.8 中"5. 标定"进行。

2. 负压筛析仪

（1）负压筛析仪由筛座、负压筛、负压源及收尘器组成，其中筛座由转速为 30r/min±

2r/min 的喷气嘴、负压表、控制板、微电机及壳体构成。

（2）筛析仪负压可调范围为 4000～6000Pa。

（3）喷气嘴上口平面与筛网之间距离为 2～8mm。

（4）喷气嘴的上开尺寸见图 1-4，单位为毫米（mm）。

（5）负压源和收尘器，由功率≥600W 的工业吸尘器和小型旋风收尘筒组成或用其他具有相当功能的设备。

3. 水筛架和喷头

水筛架和喷头的结构尺寸应符合《水泥标准筛和筛析仪》JC/T 728—2005 规定，但其中水筛架上筛座内径为 140^{+0}_{-3}mm。

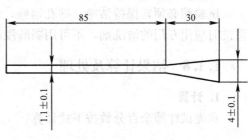

图 1-4 喷气嘴上升口

4. 天平

最小分度值不大于 0.01g。

1.1.6 样品要求

水泥样品应有代表性，样品处理方法按《水泥取样方法》GB 12573—2008 第 3.5 条进行。

1.1.7 操作程序

1. 试验准备

试验前所用试验筛应保持清洁，负压筛和手工筛应保持干燥。试验时，80μm 筛析试验称取试样 25g，45μm 筛析试验称取试样 10g。

2. 负压筛析法

（1）筛析试验前应把负压筛放在筛座上，盖上筛盖，接通电源，检查控制系统，调节负压至 4000～6000Pa 范围内。

（2）称取试样精确至 0.01g，置于洁净的负压筛中，放在筛座上，盖上筛盖，接通电源，开动筛析仪连续筛析 2min，在此期间如有试样附着在筛盖上，可轻轻地敲击筛盖使试样落下，筛毕，用天平称量全部筛余物。

3. 水筛法

（1）筛析试验前，应检查水中无泥、砂，调整好水压及水筛架的位置，使其能正常运转，并控制喷头底面和筛网之间距离为 35～75mm。

（2）称取试样精确至 0.01g，置于洁净的水筛中，立即用淡水冲洗至大部分细粉通过后，放在水筛架上，用水压为 0.05±0.02MPa 的喷头连续冲洗 3min。筛毕，用少量水把筛物冲至蒸发皿中，等水泥颗粒全部沉淀后，小心倒出清水，烘干并用天平称量全部筛余物。

4. 手工筛析法

（1）称取水泥试样精确至 0.01g，倒入手工筛内。

（2）用一只手持筛往复摇动，另一只手轻轻拍打，往复摇动和拍打过程保持近于水平。拍打速度每分钟约 120 次，每 40 次向同一方向转动 60°，使试样均匀分布在筛网上，直至每分钟通过的试样量不超过 0.03g 为止。称量全部筛余物。

5. 对其他粉状物料

对其他粉状物料或采用 45～80μm 以外规格方孔筛进行筛析试验时，应指明筛子的规格、称样量、筛析时间等相关参数。

6. 试验筛的清洗

试验筛必须常保持洁净，筛孔通畅，使用 10 次后要进行清洗。金属框筛、铜丝网筛清洗时应用专门的清洗剂，不可用弱酸浸泡。

1.1.8 结果计算及处理

1. 计算

水泥试样筛余百分数按下式计算：

$$F = \frac{R_t}{W} \times 100 \tag{1-1}$$

式中：F——水泥试样的筛余百分数，单位为质量百分数（%）；

　　　R_t——水泥筛余物的质量，单位为克（g）；

　　　W——水泥试样的质量，单位为克（g）。

结果计算至 0.1%。

2. 筛余结果的修正

试验筛的筛网会在试验中磨损，因此筛析结果应进行修正。修正的方法是将式（1-1）的结果乘以该试验筛按式（1-5）标定后得到的有效修正系数，即为最终结果。

3. 试验结果

负压筛析法、水筛法和手工筛析法测定的结果发生争议时，以负压筛析法为准。

例题：

1. 用 A 号试验筛对某水泥样的筛余值为 5.0%，而 A 号试验筛的修正系数为 1.10，则该水泥样的最终结果为：5.0%×1.10＝5.5%。

合格评定时，每个样品应称取二个试样分别筛析，取筛余平均值为筛析结果。若两次筛余结果绝对误差大于 0.5% 时（筛余值大于 5.0% 时可放至 1.0%）应再做一次试验，取两次相近结果的算术平均值，作为最终结果。

2. 《水泥细度检验方法筛析法》GB/T 1345—2005 水泥细度用负压筛试验时，水泥负压筛的负压应在（ B ）范围。

A. 2000～4000Pa　　B. 4000～6000Pa　　C. 2000～5000Pa　　D. 2000～6000Pa

3. 《水泥细度检验方法筛析法》GB/T 1345—2005 中细度计算结果计算至（ B ）

A. 0.01%　　　　　B. 0.1%　　　　　C. 1%　　　　　D. 2%

4. 《水泥细度检验方法筛析法》GB/T 1345—2005 中细度试验用负压筛试验时，试验连续筛析时间为（ D ）。

A. 5min　　　　　B. 3min　　　　　C. 10min　　　　　D. 2min

1.1.9 水泥试验筛的标定方法

1. 范围

《水泥细度检验方法筛析法》GB/T 1345—2005 规定的方法适用于水泥试验筛的标定。

2. 原理

用标准样品在试验筛上的测定值，与标准样品的标准值的比值来反映试验筛筛孔的准确度。

3. 试验条件

（1）水泥细度标准样品

符合《水泥细度和比表面积标准样品》GSB 14—1511—2009（A）要求，或相同等级的标准样品。有争议时以《水泥细度和比表面积标准样品》GSB 14—1511—2009（A）标准样品为准。

（2）仪器设备

符合《水泥细度检验方法筛析法》GB/T 1345—2005 要求的相应设备。

4. 被标定试验筛

被标定试验筛应事先经过清洗，去污，干燥（水筛除外）并和标定试验室温度一致。

5. 标定

（1）标定操作

将标准样装入干燥洁净的密闭广口瓶中，盖上盖子摇动 2min，消除结块。静置 2min后，用一根干燥洁净的搅拌棒搅匀样品。按照 1.7.1 称量标准样品精确至 0.01g，将标准样品倒进被标定试验筛，中途不得有任何损失。接着按 1.7.2 或 1.7.3 或 1.7.4 进行筛析试验操作。每个试验筛的标定应称取二个标准样品连续进行，中间不得插做其他样品试验。

C——试验筛修正系数。

（2）标定结果

二个样品结果的算术平均值为最终值，但当二个样品筛余结果相差大于 0.3％时应称第三个样品进行试验，并取接近的两个结果进行平均作为最终结果。

6. 修正系数计算

修正系数按下式计算：

$$C = F_s/F_t \tag{1-2}$$

式中：F_s——标准样品的筛余标准值，单位为质量百分数（％）；

F_t——标准样品在试验筛上的筛余值，单位为质量百分数（％）。

计算至 0.01。

7. 合格判定

（1）当 C 值在 0.80～1.20 范围内时，试验筛可继续使用，C 可作为结果修正系数。

（2）当 C 值超出 0.80～1.20 范围时，试验筛应予淘汰。

1.2 水泥比表面积测定方法（勃氏法）

1.2.1 检测依据及涉及标准

《水泥比表面积测定方法 勃氏法》GB/T 8074—2008

《水泥密度测定方法》GB/T 208—1994

《化学分析滤纸》GB/T 1914—2007

《水泥取样方法》BG 12573—2008

《水泥细度和比表面积标准样品》GSB 14—1511—2009（A）

《勃氏透气仪》JC/T 956—2005

1.2.2 方法原理

本方法主要是根据一定量的空气通过具有一定空隙率和固定厚度的水泥层时，所受阻力不同而引起流速的变化来测定水泥的比表面积。在一定空隙率的水泥层中，空隙的大小和数量是颗粒尺寸的函数，同时也决定了通过料层的气流速度。

1.2.3 术语和定义

下列定义和术语用于本标准

1. 水泥比表面积

单位质量的水泥粉末所具有的总表面积，以平方厘米每克（cm^2/g）或平方米每千克（m^2/kg）来表示。

2. 空隙率

试料层中颗粒间空隙的容积与试料层总的容积之比，以 ε 表示。

1.2.4 试验设备及条件

1. 透气仪

本方法采用的勃氏比表面积透气仪，分手动和自动两种，均应符合《勃氏透气仪》JC/T 956—2005 的要求。

2. 烘干箱

控制温度灵敏度±1℃。

3. 分析天平

分度值为 0.001g。

4. 秒表

精确至 0.5s。

5. 水泥样品

水泥样品按《水泥取样方法》GB 12573—2008 进行取样，先通过 0.90mm 方孔筛，再在 110℃±5℃ 下烘干 1h，并在干燥器中冷却至室温。

6. 基准材料

《水泥细度和比表面积标准样品》GSB 14—1511—2009（A）或相同等级的标准物质。有争议时以《水泥细度和比表面积标准样品》GSB 14—1511—2009（A）为准。

7. 压力计液体

采用带有颜色的蒸馏水或直接采用无色蒸馏水。

8. 滤纸

采用符合《化学分析滤纸》GB/T 1914—2007 的中速定量滤纸。

9. 汞

分析纯汞。

10. 试验室条件

相对湿度不大于50%。

1.2.5 仪器校准

1. 仪器的校准

采用《水泥细度和比表面积标准样品》GSB 14—1511—2009（A）或相同等级的其他标准物质。有争议时以前者为准。

仪器校准按《勃氏透气仪》JC/T 956—2005进行

2. 校准周期

至少每年进行一次。仪器设备使用频繁则应半年进行一次；仪器设备维修后也要重新标定。

1.2.6 操作步骤

1. 测定水泥密度

按《水泥密度测定方法》GB/T 208—1994测定水泥密度和标准物质密度。

2. 漏气检查

将透气圆筒上用橡皮塞塞紧，接到压力计上。用抽气装置从压力计一臂中抽出部分气体，然后关闭阀门，观察是否漏气。如发现漏气，可用活塞油脂加以密封。

3. 空隙率的确定

P·I、P·Ⅱ型水泥的空隙率采用 0.500±0.005，其他水泥或粉料的空隙率选用 0.530±0.005。

当按上述空隙率不能将试样压至捣器的支持环与筒顶边接触的位置时，则允许改变空隙率。

空隙率的调整以2000g砝码（5等砝码）将试样压实至捣器的支持环与筒顶边接触的位置为准。

4. 确定试样量

试样量按下式计算：

$$m = \rho V(1-\varepsilon)$$

式中：m——需要的试样量，单位为克（g）；

ρ——试样密度，单位为克每立方厘米（g/cm³）；

V——试料层体积，按《勃氏透气仪》JC/T 956—2005测定；单位为立方厘米（cm³）；

ε——试料层空隙率。

5. 试料层制备

（1）将穿孔板放入透气圆筒的突缘上，用捣棒把一片滤纸放到穿孔板上，边缘放平并压紧。称取按1.2.6中的"4. 确定试样量"确定的试样量，精确到0.001g，倒入圆筒。轻敲圆筒的边，使水泥层表面平坦。

（2）再放入一片滤纸，用捣器均匀捣实试料直至捣器的支持环与圆筒顶边接触，并旋

7

转 1～2 次，慢慢取出捣器。穿孔板上的滤纸为 $\phi12.7mm$ 边缘光滑的圆形滤纸片。每次测定需要用新的滤纸片。

6. 透气试验

（1）把装有试料层的透气圆筒下锥面涂一薄层活塞油脂，然后把它插入压力计顶端锥型磨口处，旋转 1～2 圈。要保证紧密连接不致漏气，并不振动所制备的试料层。

（2）打开微型电磁泵慢慢从压力计一臂中抽出空气，直到压力计内液面上升到扩大部下端时关闭阀门。当压力计液体的凹月面下降到第一条刻线时开始计时，当液体的凹月面下降到第二条刻线时停止计时，记录液面从第一条刻度线到第二条刻度线所需的时间。以秒（s）记录，并记录下试验时的温度（℃）。每次透气试验，应重新制备试料层。

1.2.7 计算

（1）当被测试样的密度、试料层中空隙率与标准样品相同，试验时的温度与准温度之差≤3℃时，可按下式计算：

$$S = \frac{S_s \sqrt{T}}{\sqrt{T_s}} \qquad (1-3)$$

如试验时的温度与校准温度之差＞3℃时，则按下式计算：

$$S = \frac{S_s \sqrt{\eta_s} \sqrt{T}}{\sqrt{\eta} \sqrt{T_s}} \qquad (1-4)$$

式中：S——被测试样的比表面积，单位为平方厘米每克（cm^2/g）；

S_s——标准样品的比表面积，单位为平方厘米每克（cm^2/g）；

T——被测试样试验时，压力计中液面降落测得的时间，单位为秒（s）；

T_s——标准样品试验时，压力计中液压面降落测得的时间，单位为秒（s）；

η——被测试样试验温度下的空气黏度，单位为微帕·秒（$\mu Pa \cdot s$）；

η_s——标准样品试验温度下的空气黏度，单位为微帕·秒（$\mu Pa \cdot s$）。

（2）当被测试样的试料层中空隙率与标准样品试料层中空隙率不同，试验时的温度与校准温度之差≤3℃时，可按下式计算

$$S = \frac{S_s \sqrt{T}(1-\varepsilon_s) \sqrt{\varepsilon^3}}{\sqrt{T_s}(1-\varepsilon) \sqrt{\varepsilon_s^3}} \qquad (1-5)$$

如试验时的温度与校准温度之差＞3℃时，则按下式计算：

$$S = \frac{S_s \sqrt{\eta_s} \sqrt{T}(1-\varepsilon_s) \sqrt{\varepsilon^3}}{\sqrt{\eta} \sqrt{T_s}(1-\varepsilon) \sqrt{\varepsilon_s^3}} \qquad (1-6)$$

式中：ε——被测试样试料层中的空隙率；

ε_s——标准样品试料层中的空隙率。

（3）当被测试样的密度和空隙率均与标准样品不同，试验时的温度与校准温度之差≤3℃时，可按下式计算：

$$S = \frac{S_s \rho_s \sqrt{T}(1-\varepsilon^3) \sqrt{\varepsilon^3}}{\rho \sqrt{T_s}(1-\varepsilon) \sqrt{\varepsilon_s^3}} \qquad (1-7)$$

如试验时的温度与校准温度之差$>3℃$时，则按下式计算

$$S = \frac{S_s \rho_s \sqrt{\eta_s} \sqrt{T}(1-\varepsilon_s) \sqrt{\varepsilon^3}}{\rho \sqrt{\eta} \sqrt{T_s}(1-\varepsilon) \sqrt{\varepsilon_s^3}} \qquad (1\text{-}8)$$

式中：ρ——被测试样的密度，克每立方厘米（g/cm^3）

ρ_s——标准样品的密度，克每立方厘米（g/cm^3）

（4）结果处理

1）水泥比表面积应由二次透气试验结果的平均值确定。如二次试验结果相差2%以上时，应重新试验。计算结果保留至$10cm^2/g$。

2）当同一水泥用手动勃式透气仪测定的结果与自动勃式透气仪测定的结果有争议时，以手动勃式透气仪测定的结果为准。

例题

一强度等级为32.5的矿渣硅酸盐水泥样品，密度为$3.14g/cm^3$，试料层中的空隙率为0.530，试验时的温度与校准温度之差为$2℃$，标准样品密度、空隙率均与该样品相同，标准样品的比表面积为$3450cm^2/g$，某试验室测定该样品得到以下数据：被测样品在压力计液面降落时间分别为114.5s、108.5s、115.0s，标准样品在压力计液面降落时间都为100.0s，试问如何确定该样品的比表面积？

解：第一次：$S = \dfrac{S_s \sqrt{T}}{\sqrt{T_s}} = 3450 \times 10.700/10 = 3691.5 \approx 3690cm^2/g$；

第二次：$S = \dfrac{S_s \sqrt{T}}{\sqrt{T_s}} = 3450 \times 10.416/10 = 3593.52 \approx 3590cm^2/g$；

第三次：$S = \dfrac{S_s \sqrt{T}}{\sqrt{T_s}} = 3450 \times 10.724/10 = 3699.78 \approx 3700cm^2/g$；

第一次和第二次试验结果相差：$[2(3690-3590)/(3690+3590)] \times 100\% = 2.75\% > 2\%$；

第二次和第三次试验结果相差：$[2(3700-3590)/(3700+3590)] \times 100\% = 3.02\% > 2\%$；

第一次和第三次试验结果相差：$[2(3700-3690)/(3690+3700)] \times 100\% = 0.27\% < 2\%$；

所以第一次和第三次试验结果符合规范要求，采用其平均值为该样品的比表面积，则该水泥比表面积为$(3690+3700)/2 = 3695 \approx 3700cm^2/g$。

1.2.8 水泥密度检测

1. 试验目的

水泥密度表示水泥单位体积的质量，单位为克每立方厘米（g/cm^3）。通过试验测定水泥的密度，用于混凝土配合比设计。

2. 试验原理

将水泥倒入装有一定量液体介质的李氏瓶内，并使液体介质充分地浸透水泥颗粒。根

据阿基米德定律，水泥的体积等于它所排开的液体体积，从而算出水泥单位体积的质量即密度，为使测定的水泥不产生水化反应，液体介质采用无水煤油。

3. 试验仪器

（1）李氏瓶。李氏瓶的结构材料是优质玻璃，透明无条纹，且有抗化学侵蚀性且热滞后性小，要有足够的厚度以确保较好的耐裂性。瓶颈刻度由 0 至 24ml，且 0～1ml 和 18～24ml 应以 0.1ml 刻度，任何标明的容量误差都不大于 0.05ml。

（2）无水煤油。

（3）恒温水槽。

4. 测定步骤

（1）将无水煤油注入李氏瓶中到 0 至 1ml 刻度线后（以弯月面下部为准），盖上瓶塞放入恒温水槽内，使刻度部分浸入水中（水温应控制在李氏瓶刻度时的温度），恒温 30min，记下初始（第一次）读数。

（2）从恒温水槽中取出李氏瓶，用滤纸将李氏瓶细长颈内没有煤油的部分仔细擦干净。

（3）水泥试样应预先通过 0.90mm 方孔筛，在 110±5℃ 温度下干燥 1h，并在干燥器内冷却至室温。称取水泥 60g，称准至 0.01g。

（4）用小匙将水泥样品一点点的装入（1）条的李氏瓶中，反复摇动（亦可用超声波振动），至没有气泡排出，再次将李氏瓶静置于恒温水槽中，恒温 30min，记下第二次读数。

（5）第一次读数和第二次读数时，恒温水槽的温度差不大于 0.2℃。

5. 结果计算

（1）水泥体积应为第二次读数减去初始（第一次）读数，即水泥所排开的无水煤油的体积（ml）。

（2）水泥密度 ρ(g/cm^3) 按下式计算：

$$水泥密度 \, \rho = 水泥质量(g) / 排开的体积(cm^3)$$

结果计算到小数第三位，且取整数到 0.01g/cm^3，试验结果取两次测定结果的算术平均值，两次测定结果之差不得超过 0.02g/cm^3。

1.3　水泥标准稠度用水量、凝结时间、安定性检验方法

1.3.1　适用范围

本标准规定了水泥标准稠度用水量、凝结时间和由游离氧化钙造成的体积安定性检验方法的原理、仪器设备、材料、试验条件和测定方法。

本标准适用于硅酸盐水泥、普通硅酸盐水泥、矿渣硅酸盐水泥、粉煤灰硅酸盐水泥、火山灰质硅酸盐水泥、复合硅酸盐水泥以及指定采用本方法的其他品种水泥。

1.3.2　检测依据及涉及标准

《水泥标准稠度用水量、凝结时间、安定性检验方法》GB/T 1346—2011
《水泥安定性试验用沸煮箱》JC/T 955—2005

1.3.3 原理

1. 水泥标准稠度

水泥标准稠度净浆对标准试杆（或试锥）的沉入具有一定阻力。通过试验不同含水量水泥净浆的穿透性，以确定水泥标准稠度净浆中所需加入的水量。

2. 凝结时间

试针沉入水泥标准稠度净浆至一定深度所需的时间。

3. 安定性

（1）雷氏法是通过测定水泥标准稠度净浆在雷氏夹中沸煮后试针的相对位移表征其体积膨胀的程度。

（2）试饼法是通过观测水泥标准稠度净浆试饼煮沸后的外形变化情况表征其体积安定性。

1.3.4 仪器设备

1. 水泥净浆搅拌机

符合《水泥净浆搅拌机》JC/T 729—2005 的要求。

注：通过减小搅拌翅和搅拌锅之间间隙，可以制备更加均匀的净浆。

2. 标准法维卡仪

图 1-5 测定水泥标准稠度和凝结时间用维卡仪及配件示意图中包括：

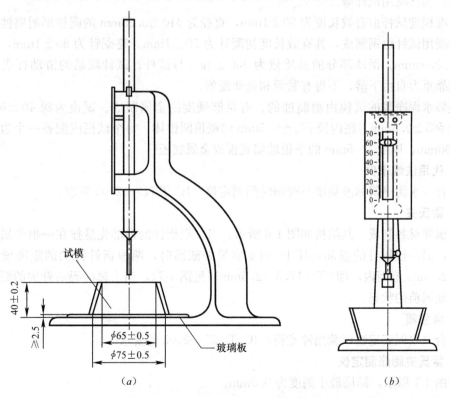

图 1-5　测定水泥标准稠度和凝结时间的维卡仪（一）

（a）初凝时间测定用立式试模的侧视图；（b）终凝时间测定用反转试模的前视图

11

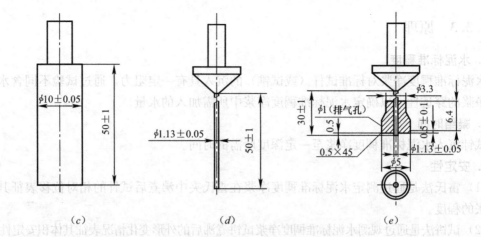

图 1-5　测定水泥标准稠度和凝结时间的维卡仪（二）

(*c*) 标准稠度试杆；(*d*) 初凝用试针；(*e*) 终凝用试针

(1) 为测定初凝时间时维卡仪和试模示意图；

(2) 为测定终凝时间反转试模示意图；

(3) 为标准稠度试杆；

(4) 为初凝用试针；

(5) 为终凝用试针等。

标准稠度试杆由有效长度为 50 ± 1mm，直径为 $\phi10\pm0.05$mm 的圆柱形耐腐蚀金属制成。初凝用试针由钢制成，其有效长度初凝针为 50 ± 1mm。终凝针为 30 ± 1mm，直径为 $\phi1.13\pm0.05$mm。滑动部分的总质量为 300 ± 1g。与试杆、试针联结的滑动杆表面应光滑，能靠重力自由下落，不得有紧涩和晃动现象。

盛装水泥净浆的试模由耐腐蚀的、有足够硬度的金属制成。试模为深 40 ± 0.2mm、顶内径 $\phi65\pm0.5$mm、底内径 $\phi75\pm0.5$mm 的截顶圆锥体。每个试模应配备一个边长或直径约 100mm、厚度 4～5mm 的平板玻璃底板或金属底板。

3. 代用法维卡仪

符合《水泥净浆标准稠度与凝结时间测定仪》JC/T 727—2005 要求。

4. 雷氏夹

由铜质材料制成，其结构如图 1-6 所示。当一根指针的根部先悬挂在一根金属丝或尼龙丝上，另一根指针的根部再挂上 300g 质量的砝码时，两根指针针尖的距离增加应在 17.5 ± 2.5mm 范围内，即 $2X=17.5\pm2.5$mm（见图 1-7），当去掉砝码后针尖的距离能恢复至挂砝码前的状态。

5. 沸煮箱

符合《水泥安定性试验用沸煮箱》JC/T 955—2005 的要求。

6. 雷氏夹膨胀测定仪

如图 1-7 所示，标尺最小刻度为 0.5mm。

7. 量筒或滴定管

精度±0.5ml。

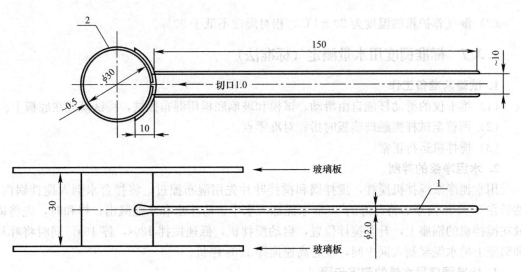

图 1-6 雷氏夹
1—指针；2—环模

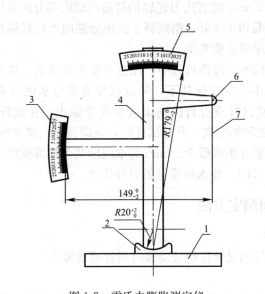

图 1-7 雷氏夹膨胀测定仪
1—底座；2—模子座；3—测弹性标尺；4—立柱；5—测膨胀值标尺；6—悬臂；7—悬丝

8. 天平

最大称量不小于 1000g，分度值不大于 1g。

1.3.5 材料

试验用水应是洁净的饮用水，如有争议时应以蒸馏水为准。

1.3.6 试验条件

（1）试验室温度为 20±2℃，相对湿度应不低于 50％；水泥试样、拌和水、仪器和用具的温度应与试验室一致；

（2）湿气养护箱的温度为 20±1℃，相对湿度不低于 90％。

1.3.7 标准稠度用水量测定（标准法）

1. 试验前准备工作

（1）维卡仪的滑动杆能自由滑动。试模和玻璃底板用湿布擦拭，将试模放在底板上。

（2）调整至试杆接触玻璃板时指针对准零点。

（3）搅拌机运行正常。

2. 水泥净浆的拌制

用水泥净浆搅拌机搅拌，搅拌锅和搅拌叶片先用湿布擦过，将拌合水倒入搅拌锅内，然后在 5～10s 内小心将称好的 500g 水泥加入水中，防止水和水泥溅出；拌和时，先将锅放在搅拌机的锅座上，升至搅拌位置，启动搅拌机，低速搅拌 120s，停 15s，同时将叶片和锅壁上的水泥浆刮入锅中间，接着高速搅拌 120s 停机。

3. 标准稠度用水量的测定步骤

拌和结束后，立即取适量水泥净浆一次性将其装入已置于玻璃底板上的试模中，浆体超过试模上端，用宽约 25mm 的直边刀轻轻拍打超出试模部分的浆体 5 次以排除浆体中的孔隙，然后在试模上表面约 1/3 处，略倾斜于试模分别向外轻轻锯掉多余净浆，再从试模边沿轻抹顶部一次，使净浆表面光滑。

在锯掉多余净浆和抹平的操作过程中，注意不要压实净浆；抹平后迅速将试模和底板移到维卡仪上，并将其中心定在试杆下，降低试杆直至与水泥净浆表面接触，拧紧螺丝 1～2s 后，突然放松，使试杆垂直自由地沉入水泥净浆中。在试杆停止沉入或释放试杆 30s 时记录试杆距底板之间的距离，升起试杆后，立即擦净；整个操作应在搅拌后 1.5min 内完成。以试杆沉入净浆并距底板 6±1mm 的水泥净浆为标准稠度净浆。其拌和水量为该水泥的标准稠度用水量（P），按水泥质量的百分比计。

1.3.8 凝结时间测定方法

1. 试验前准备工作

调整凝结时间测定仪的试针接触玻璃板时指针对准零点。

2. 试件的制备

以标准稠度用水量按 1.3.7 中 2. 水泥净浆的拌制制成标准稠度净浆，按 1.3.7 中 3. 标准稠度用水量的测定步骤装模和刮平后，立即放入湿气养护箱中。记录水泥全部加入水中的时间作为凝结时间的起始时间。

3. 初凝时间的测定

试件在湿气养护箱中养护至加水后 30min 时进行第一次测定。测定时，从湿气养护箱中取出试模放到试针下，降低试针与水泥净浆表面接触。拧紧螺丝 1～2s 后，突然放松，试针垂直自由地沉入水泥净浆。观察试针停止下沉或释放试针 30s 时指针的读数。临近初凝时间时每隔 5min（或更短时间）测定一次，当试针沉至距底板 4±1mm 时，为水泥达到初凝状态；由水泥全部加入水中至初凝状态的时间为水泥的初凝时间，用 min 来表示。

4. 终凝时间的测定

为了准确观测试针沉入的状况，在终凝针上安装了一个环形附件。在完成初凝时间测定后，立即将试模连同浆体以平移的方式从玻璃板取下，翻转180°，直径大端向上，小端向下放在玻璃板上，再放入湿气养护箱中继续养护。临近终凝时间时每隔15min（或更短时间）测定一次，当试针沉入试体0.5mm时，即环形附件开始不能在试体上留下痕迹时，为水泥达到终凝状态。由水泥全部加入水中至终凝状态的时间为水泥的终凝时间，用min来表示。

5. 测定注意事项

测定时应注意，在最初测定的操作时应轻轻扶持金属柱，使其徐徐下降，以防试针撞弯，但结果以自由下落为准；在整个测试过程中试针沉入的位置至少要距试模内壁10mm。临近初凝时，每隔5min（或更短时间）测定一次，临近终凝时每隔15min（或更短时间）测定一次，到达初凝时应立即重复测一次，当两次结论相同时才能确定到达初凝状态，到达终凝时，需要在试体另外两个不同点测试，确认结论相同才能确定到达终凝状态。每次测定不能让试针落入原针孔，每次测试完毕须将试针擦净并将试模放回湿气养护箱内，整个测试过程要防止试模受振。

注：可以使用能得出与标准中规定方法相同结果的凝结时间自动测定仪，有矛盾时以标准规定方法为准。

1.3.9 安定性测定方法（标准法）

1. 试验前准备工作

每个试样需成型两个试件，每个雷氏夹需配备两个边长或直径约80mm、厚度4～5mm的玻璃板，凡与水泥净浆接触的玻璃板和雷氏夹内表面都要涂上一层少量的油。

注：有些油会影响凝结时间，矿物油比较合适。

2. 雷氏夹试件的成型

将预先准备好的雷氏夹放在已稍擦油的玻璃板上，并立即将已制好的标准稠度净浆一次装满雷氏夹，装浆时一只手轻轻扶持雷氏夹，另一只手用宽约25mm的直边刀在浆体表面轻轻插捣3次，然后抹平，盖上稍涂油的玻璃板，接着立即将试件移至湿气养护箱内养护24±2h。

3. 沸煮

（1）调整好沸煮箱内的水位，使能保证在整个沸煮过程中都超过试件，不需添补试验用水，同时又能保证在30±5min内升至沸腾。

（2）脱去玻璃板取下试件，先测量雷氏夹指针尖端间的距离（A），精确到0.5mm，接着将试件放入沸煮箱水中的试件架上，指针朝上，然后在30±5min内加热至沸并恒沸180±5min

（3）结果判别

沸煮结束后，立即放掉沸煮箱中的热水，打开箱盖，待箱体冷却至室温，取出试件进行判别。测量雷氏夹指针尖端的距离（C），准确至0.5mm，当两个试件煮后增加距离（$C-A$）的平均值不大于5.0mm时，即认为该水泥安定性合格，当两个试件煮后增加距离（$C-A$）的平均值大于5.0mm时，应用同一样品立即重做一次试验。以复检结果为准。

1.3.10　标准稠度用水量测定方法（代用法）

1. 试验前准备工作

（1）维卡仪的金属棒能自由滑动。

（2）调整至试锥接触锥模顶面时指针对准零点。

（3）搅拌机运行正常。

2. 水泥净浆的拌制同 1.3.7。

3. 标准稠度的测定

（1）采用代用法测定水泥标准稠度用水量可用调整水量和不变水量两种方法的任一种测定。采用调整水量方法时拌和水量按经验找水，采用不变水量方法时拌合水量用142.5ml。

（2）拌合结束后，立即将拌制好的水泥净浆装入锥模中，用宽约 25mm 的直边刀在浆体表面轻轻插捣 5 次，再轻振 5 次，刮去多余的净浆；抹平后迅速放到试锥下面固定的位置上，将试锥降至净浆表面，拧紧螺丝 1～2s 后，突然放松，让试锥垂直自由地沉入水泥净浆中。到试锥停止下沉或释放试锥 30s 时记录试锥下沉深度。整个操作应在搅拌后1.5min 内完成。

（3）用调整水量方法测定时，以试锥下沉深度 30±1mm 时的净浆为标准稠度净浆。其拌合水量为该水泥的标准稠度用水量（P），按水泥质量的百分比计。如下沉深度超出范围需另称试样，调整水量，重新试验，直至达到 30±1mm 为止。

（4）用不变水量方法测定时，根据下式或仪器上对应标尺计算得到标准稠度用水量P。当试锥下沉深度小于 13mm 时，应改用调整：水量法测定。

$$P = 33.4 - 0.185S \tag{1-9}$$

式中：P——标准稠度用水量（%）；

　　　S——试锥下沉深度，单位为毫米（mm）。

1.3.11　安定性测定方法（代用法）

1. 试验前准备工作

每个样品需准备两块边长约 100mm 的玻璃板，凡与水泥净浆接触的玻璃板都要稍稍涂上一层油。

2. 试饼的成型方法

将制好的标准稠度净浆取出一部：分成两等份，使之成球形，放在预先准备好的玻璃板上，轻轻振动玻璃板并用湿布擦过的小刀由边缘向中央抹，做成直径 70～80mm、中心厚约 10mm、边缘渐薄、表面光滑的试饼，接着将试饼放入湿气养护箱内养护 24±2h。

3. 沸煮

（1）步骤标准法

（2）脱去玻璃板取下试饼，在试饼无缺陷的情况下将试饼放在沸煮箱水中的算板上，在 30±5min 内加热至沸并恒沸 180±5min。

（3）结果判别

沸煮结束后，立即放掉沸煮箱中的热水，打开箱盖，待箱体冷却至室温，取出试件进行判别。目测试饼未发现裂缝，用钢直尺检查也没有弯曲（使钢直尺和试饼底部紧靠，以两者间不透光为不弯曲）的试饼为安定性合格，反之为不合格。当两个试饼判别结果有矛盾时，该水泥的安定性为不合格。

1.3.12 试验报告

试验报告应包括标准稠度用水量、初凝时间、终凝时间、雷氏夹膨胀值或试饼的裂缝、弯曲形态等所有的试验结果。

例题

有 D、E、F 三个水泥试样，用雷氏夹测其结果如表 1-1，请计算结果并作结论判断（单位为 mm）。

用雷氏夹测定水泥试样的测试结果 表 1-1

项目 编号		A	C	C—A	测定值	判断
D	D₁	11.0	17.0			
	D₂	12.0	18.5			
E	E₁	11.0	17.0			
	E₂	12.5	18.0			
F	F₁	11.0	14.5			
	F₂	12.0	15.0			

解：

计算结果见表 1-2。

用雷氏夹测定水泥试样的计算结果 表 1-2

项目 编号		A	C	C—A	测定值	判断
D	D₁	11.0	17.0	6.0	6.5	重做
	D₂	12.0	18.5	6.5		
E	E₁	11.0	17.0	6.0	6.0	重做
	E₂	12.5	18.0	5.5		
F	F₁	11.0	14.5	3.5	3.5	合格
	F₂	12.0	15.0	3.0		

1.4 水泥胶砂流动度测定方法

1.4.1 适用范围

本方法规定了水泥胶砂流动度测定方法的原理、仪器和设备、试验条件及材料、试验方法、结果与计算等。本方法适用于水泥胶砂流动度测定。

1.4.2 检测依据及涉及标准

《水泥胶砂流动度测定方法》GB/T 2419—2005

《水泥胶砂强度检验方法（ISO法）》GB/T 17671—1999

《行星式水泥胶砂搅拌机》JC/T 681—2005

《水泥胶砂流动度标准样》JBW 01-1-1

1.4.3 方法原理

通过测定一定配比的水泥胶砂在规定振动状态下的扩散范围来衡量其流动度。

1.4.4 试验室和设备

1. 水泥胶砂流动度测定仪（简称跳桌）

技术要求及其安装方法见 GB/T 2419—2005 附录 A（补充件）。

2. 水泥胶砂搅拌机

符合 JC/T 681—2005 行星式水泥胶砂搅拌机

3. 试模

用金属材料制成，由截锥圆模和模套组成。截锥圆模内壁应光滑，尺寸为：高度60±0.5mm；

上口内径 70±0.5mm；

下口内径 100±0.5mm；

下口外径 120mm；

模壁厚大于 5mm；

模套与截锥圆模配合使用。

4. 捣棒

用金属材料制成，直径为 20±0.5mm，长度约 200mm。捣棒底面与侧面成直角，其下部光滑，上部手滚银花。

5. 卡尺

量程为 300mm，分度值不大于 0.5mm。

6. 小刀

刀口平直，长度大于 80mm。

7. 天平

量程不小于 1000g，分度值不大于 1g。

1.4.5 试验材料及条件

1. 试验室、设备、拌合水、样品

应符合 GB/T 17671—1999 中第 4 条试验室和设备的有关规定。

2. 胶砂组成

胶砂材料用量按相应标准要求或试验设计确定。

1.4.6 试验方法

（1）如跳桌在 24h 内未被使用，先空跳一个周期 25 次。

（2）胶砂制备按 GB/T 17671—1999 有关规定进行。在制备胶砂的同时，用潮湿棉布擦拭跳桌台面、试模内壁、捣棒以及与胶砂接触的用具，将试模放在跳桌台面中央并用潮湿棉布覆盖。

（3）将拌好的胶砂分两层迅速装入流动试模，第一层装至截锥圆模高度约三分之二处，用小刀在相互垂直两个方向各划 5 次，用捣棒由边缘至中心均匀捣压 1 5 次；随后，装第二层胶砂，装至高出截锥圆模约 20mm，用小刀在相互垂直两个方向各划 5 次再用捣棒由边缘至中心均匀捣压 10 次。捣压后胶砂应略高于试膜。捣压深度，第一层捣至胶砂高度的二分之一，第二层捣实不超过已捣实底层表面。装胶砂和捣压时，用手扶稳试模，不要使其移动。

（4）捣压完毕，取下模套，将小刀倾斜，从中间向边缘分两次以近水平的角度抹去高出截锥圆模的胶砂，并擦去桌面上的胶砂。将截锥圆模垂直向上轻轻提起。立刻开动跳桌，约每秒钟一次的频率，在 25±1s 内完成 25 次跳动。

（5）流动度试验，从胶砂加水开始到测量扩散直径结束，应在 6min 内完成。

1.4.7 结果与计算

跳动完毕，用卡尺测量胶砂底面相互垂直的两个方向直径，计算平均值，取整数，以毫米（mm）为单位表示。该平均值即为该水量的胶砂流动度。

1.5 水泥胶砂强度检验方法（ISO 法）

1.5.1 适用范围

本方法规定了水泥胶砂强度检验基准方法的仪器、材料、胶砂组成、试验条件、操作步骤和结果计算等。其抗压强度测定结果与 ISO 679 结果等同。同时也列入可代用的标准砂和振实台，当代用后结果有异议时以基准方法为准。

本方法适用于硅酸盐水泥、普通硅酸盐水泥、矿渣硅酸盐水泥、粉煤灰硅酸盐水泥、复合硅酸盐水泥、石灰石硅酸盐水泥的抗折与抗压强度的检验。其他水泥采用本方法时必须研究本方法规定的适用性。

1.5.2 检测依据及涉及标准

《水泥胶砂强度检验方法》GB/T 17671—1999

《行星式水泥胶砂搅拌机》JC/T 681—2005

《水泥胶砂试体成型振实台》JC/T 682—2005

《40mm×40mm 水泥抗压夹具》JC/T 683—2005

《水泥物理检验仪器 胶砂振动台》JC/T 723—1982

《水泥物理检验仪器 电动抗折试验机》JC/T 724—2005

《水泥胶砂试模》JC/T 726—2005

1.5.3 方法概要

本方法为 40mm×40mm×160mm 棱柱试体的水泥抗压强度和抗折强度测定。

试体是由按质量计的一份水泥、三份中国 ISO 标准砂，用 0.5 的水灰比拌制的一组塑性胶砂制成。中国 ISO 标准砂的水泥抗压强度结果必须与 ISO 基准砂的相一致。

胶砂用行星搅拌机搅拌，在振实台上成型。也可使用频率 2800～3000 次/min，振幅 0.75mm 振动台成型。

1.5.4 试验室和设备

1. 试验室

试体成型试验室的温度应保持在 20±2℃，相对湿度应不低于 50%。

试体带模养护的养护箱或雾室温度保持在 20±1℃，相对湿度不低于 90%。

试体养护池水温应在 20±1℃ 范围内。

试验室空气温度和相对湿度及养护池水温在工作期间每天至少记录一次。

养护箱或雾室的温度与相对湿度至少每 4h 记录一次，在自动控制的情况下记录次数可以酌减至一天记录二次。在温度给定范围内，控制所设定的温度应为此范围中值。

2. 设备

（1）总则

设备中规定的公差，试验时对设备的正确操作很重要。当定期控制检测发现公差不符时，该设备应替换，或及时进行调整和修理。控制检测记录应予保存。

对新设备的接收检测应包括本方法规定的质量、体积和尺寸范围，对于公差规定的临界尺寸要特别注意。

有的设备材质会影响试验结果，这些材质也必须符合要求。

（2）试验筛

金属丝网试验筛应符合《试验筛 技术要求和检验 第 1 部分：金属丝编织网试验筛》GB/T 6003.1—2012 要求，其筛网孔尺寸如表 1-3（R20 系列）。

试验筛　　　　表 1-3

系　列	网眼尺寸（mm）
R20	2.0
	1.6
	1.0
	0.50
	0.16
	0.080

（3）搅拌机

搅拌机（见图 1-8）属行星式，应符合 JC/T 681—2005 要求。

用多台搅拌机工作时，搅拌锅和搅拌叶片应保持配对使用。叶片与锅之间的间隙，是指叶片与锅壁最近的距离，应每月检查一次。

（4）试模

试模由三个水平的模槽组成（见图 1-9），可同时成型三条截面为 40mm×40mm，长 160mm 的棱形试体，其材质和制造尺寸应符合 JC/T 726—2005 要求。

当试模的任何一个公差超过规定的要求时，就应更换。在组装备用的干净模型时，应

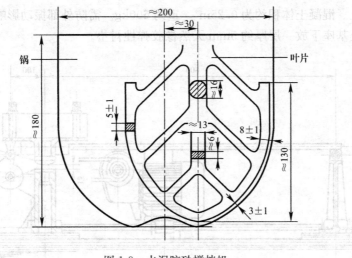

图 1-8　水泥胶砂搅拌机

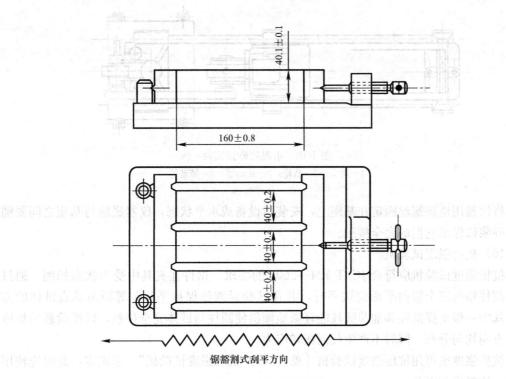

图 1-9　水泥胶砂试模

用黄干油等密封材料涂覆模型的外接缝。试模的内表面应涂上一薄层模型油或机油。

　　成型操作时，应在试模上面加有一个壁高 20mm 的金属模套，当从上往下看时，模套壁与模型内壁应该重叠，超出内壁不应大于 1mm。

　　为了控制料层厚度和刮平胶砂，应备有二个播料器和一金属刮平直尺。

　　(5) 振实台

　　振实台（见图 1-10）应符合 JC/T 682—2005 要求。振实台应安装在高度约 400mm 的混凝土基座上。混凝土体积约为 0.25m³，重约 600kg。需防外部振动影响振实效果时，可在整个混凝土基座下放一层厚约 5mm 天然橡胶弹性衬垫。

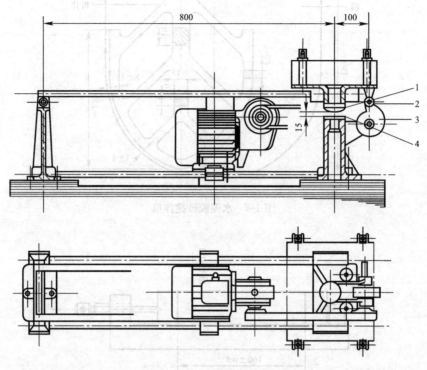

图 1-10 水泥胶砂振实台

1—突头；2—凸轮；3—止动器；4—随动轮

将仪器用地脚螺丝固定在基座上，安装后设备成水平状态，仪器底座与基座之间要铺一层砂浆以保证它们的完全接触。

（6）抗折强度试验机

抗折强度试验机应符合 JC/T 724—2005 的要求。试件在夹具中受力状态如图。通过三根圆柱轴的三个竖向平面应该平行，并在试验时继续保持平行和等距离垂直试体的方向，其中一根支撑圆柱和加荷圆柱能轻微地倾斜使圆柱与试体完全接触，以便荷载沿试体宽度方向均匀分布，同时不产生任何扭转应力。

抗折强度也可用抗压强度试验机［见"（7）抗压强度试验机"］来测定，此时应使用符合上述规定的夹具。

（7）抗压强度试验机

抗压强度试验机，在较大的五分之四量程范围内使用时记录的荷载应有±1％精度，并具有按 2400±200N/s 速率的加荷能力，应有一个能指示试件破坏时荷载并把它保持到试验机卸荷以后的指示器，可以用表盘里的峰值指针或显示器来达到。人工操纵的试验机应配有一个速度动态装置以便于控制荷载增加。

压力机的活塞竖向轴应与压力机的竖向轴重合，在加荷时也不例外，而且活塞作用的合力要通过试件中心。压力机的下压板表面应与该机的轴线垂直并在加荷过程中一直保持不变。

压力机上压板球座中心应在该机竖向轴线与上压板下表面相交点上，其公差为±1mm。上压板在与试体接触时能自动调整，但在加荷期间上下压板的位置应固定不变。

试验机压板应由维氏硬度不低于 HV 600 硬质钢制成，最好为碳化钨，厚度不小于10mm，宽为 40±0.1mm，长不小于 40mm。压板和试件接触的表面平面度公差应为0.01mm，表面粗糙度（R_a）应在 0.1～0.8 之间。

当试验机没有球座，或球座已不灵活或直径大于 120mm 时，应采用"（8）抗压强度试验机用夹具"规定的夹具。

注：

① 试验机的最大荷载以 200～300kN 为佳，可以有二个以上的荷载范围，其中最低荷载范围的最高值大致为最高范围里的最大值的五分之一。

② 采用具有加荷速度自动调节方法和具有记录结果装置的压力机是合适的。

③ 可以润滑球座以便使其与试件接触更好，但在加荷期间不致因此而发生压板的位移。在高压下有效的润滑剂不适宜使用，以免导致压板的移动。

（8）抗压强度试验机用夹具

当需要使用夹具时，应把它放在压力机的上下压板之间并与压力机处于同一轴线，以便将压力机的荷载传递至胶砂试件表面。夹具应符合 JC/T 683—2005 的要求，受压面积为 40mm×40mm。夹具在压力机上位置，夹具要保持清洁，球座应能转动以使其上压板能从一开始就适应试体的形状并在试验中保持不变。使用中夹具应满足 JC/T 683—2005的全部要求。

注：

① 可以润滑夹具的球座，但在加荷期间不会使压板发生位移。不能用高压下有效的润滑剂。

② 试件破坏后，滑块能自动回复到原来的位置。

1.5.5　胶砂组成

1. 砂

各国生产的 ISO 标准砂都可以用来按本方法测定水泥强度。中国 ISO 标准砂符合 ISO 679 中要求。中国 ISO 标准砂的质量控制按本标准进行。对标准砂作全面地和明确地规定是困难的，因此在鉴定和质量控制时使砂子与 ISO 基准砂比对标准化是必要的。

2. 水泥

当试验水泥从取样至试验要保持 24h 以上时，应把它贮存在基本装满和气密的容器里，这个容器应不与水泥起反应。

3. 水

仲裁试验或其他重要试验用蒸馏水，其他试验可用饮用水。

1.5.6　胶砂的制备

1. 配合比

胶砂的质量配合比应为一份水泥（见 1.5.5 中"2. 水泥"）三份标准砂（见 1.5.5 中"1. 砂"）和半份水（见 1.5.5 中"3. 水"）（水灰比为 0.5）。一锅胶砂成三条试体，每锅材料需要量见表1-4。

每锅胶砂的材料数量（g）　　　　　表1-4

材料量 水泥品种	水　泥	标准砂	水
硅酸盐水泥			
普通硅酸盐水泥			
矿渣硅酸盐水泥	450±2	1350±5	225±1
粉煤灰硅酸盐水泥			
复合硅酸盐水泥			
石灰石硅酸盐水泥			

2. 配料

水泥、砂、水和试验用具的温度与试验室相同，称量用的天平精度应为±1g。当用自动滴管加225mL水时，滴管精度应达到±1mL。

3. 搅拌

每锅胶砂用搅拌机进行机械搅拌。先使搅拌机处于待工作状态，然后按以下的程序进行操作：把水加入锅里，再加入水泥，把锅放在固定架上，上升至固定位置。

然后立即开动机器，低速搅拌30s后，在第二个30s开始的同时均匀地将砂子加入。当各级砂是分装时，从最粗粒级开始，依次将所需的每级砂量加完。把机器转至高速再拌30s。

停拌90s，在第1个15s内用一胶皮刮具将叶片和锅壁上的胶砂，刮入锅中间。在高速下继续搅拌60s。各个搅拌阶段，时间误差应在±1s以内。

1.5.7　试件的制备

1. 尺寸

应是40mm×40mm×160mm的棱柱体。

2. 成型

用振实台成型。

胶砂制备后立即进行成型。将空试模和模套固定在振实台上，用一个适当勺子直接从搅拌锅里将胶砂分二层装入试模，装第一层时，每个槽里约放300g胶砂，用大播料器垂直架在模套顶部沿每个模槽来回一次将料层播平，接着振实60次。

再装入第二层胶砂，用小播料器播平，再振实60次。移走模套，从振实台上取下试模，用一金属直尺以近似90°的角度架在试模模顶的一端，然后沿试模长度方向以横向锯割动作慢慢向另一端移动，一次将超过试模部分的胶砂刮去，并用同一直尺以近乎水平的情况下将试体表面抹平。

在试模上作标记或加字条标明试件编号和试件相对于振实台的位置。

1.5.8　试件的养护

1. 脱模前的处理和养护

去掉留在模子四周的胶砂。立即将做好标记的试模放入雾室或湿箱的水平架子上养

24

护，湿空气应能与试模各边接触。养护时不应将试模放在其他试模上。一直养护到规定的脱模时间时取出脱模。脱模前，用防水墨汁或颜料笔对试体进行编号和做其他标记。二个龄期以上的试体，在编号时应将同一试模中的三条试体分在二个以上龄期内。

2. 脱模

脱模应非常小心。对于 24h 龄期的，应在破型试验前 20min 内脱模。对于 24h 以上龄期的，应在成型后 20～24h 之间脱模。

注：如经 24h 养护，会因脱模对强度造成损害时，可以延迟至 24h 以后脱模，但在试验报告中应予说明。

已确定作为 24h 龄期试验（或其他不下水直接做试验）的已脱模试体，应用湿布覆盖至做试验时为止。

3. 水中养护

将做好标记的试件立即水平或竖直放在 20±1℃水中养护，水平放置时刮平面应朝上。

试件放在不易腐烂的算子上，并彼此间保持一定间距，以让水与试件的六个面接触。养护期间试件之间间隔或试体上表面的水深不得小于 5mm。

注：不宜用木算子。每个养护池只养护同类型的水泥试件。

最初用自来水装满养护池（或容器），随后随时加水保持适当的恒定水位，不允许在养护期间全部换水。

除 24h 龄期或延迟至 48h 脱模的试体外，任何到龄期的试体应在试验（破型）前 15min 从水中取出。揩去试体表面沉积物，并用湿布覆盖至试验为止。

4. 强度试验试体的龄期

试体龄期是从水泥加水搅拌开始试验时算起。不同龄期强度试验在下列时间里进行。

24h±15min；

48h±30min；

72h±45min；

7d±2h；

>28d±8h。

1.5.9　试验程序

1. 总则

用规定的设备以中心加荷法测定抗折强度。在折断后的棱柱体上进行抗压试验，受压面是试体成型时的两个侧面，面积为 40mm×40mm。

当不需要抗折强度数值时，抗折强度试验可以省去。但抗压强度试验应在不使试件受有害应力情况下折断的两截棱柱体上进行。

2. 抗折强度测定

将试体一个侧面放在试验机支撑圆柱上，试体长轴垂直于支撑圆柱，通过加荷圆柱以 50±10N/s 的速率均匀地将荷载垂直地加在棱柱体相对侧面上，直至折断。

保持两个半截棱柱体处于潮湿状态直至抗压试验。

抗折强度 R_f 以牛顿每平方毫米（MPa）表示，按下式进行计算：

$$R_f = \frac{1.5 F_f L}{b^3} = 0.00234 F_f \qquad (1\text{-}10)$$

式中：F_f——折断时施加于棱柱体中部的荷载（N）；

  L——支撑圆柱之间的距离（mm）；

  b——棱柱体正方形截面的边长（mm）。

3. 抗压强度测定

抗压强度试验用规定的仪器，在半截棱柱体的侧面上进行。

半截棱柱体中心与压力机压板受压中心差应在±0.5mm内，棱柱体露在压板外的部分约有10mm。

在整个加荷过程中以2400±200N/s的速率均匀地加荷直至破坏。

抗压强度 R_c 以牛顿每平方毫米（MPa）为单位，按下式进行计算：

$$R_C = \frac{F_C}{A} = 0.000625 F_C \qquad (1\text{-}11)$$

式中：F_C——破坏时的最大荷载（N）；

  A——受压部分面积，mm^2（40mm×40mm＝1600mm^2）。

1.5.10　水泥的检验结果

1. 试验结果的确定

（1）抗折强度：以一组三个棱柱体抗折结果的平均值作为试验结果。当三个强度值中有超出平均值±10%时，应剔除后再取平均值作为抗折强度试验结果。

（2）抗压强度：以一组三个棱柱体上得到的六个抗压强度测定值的算术平均值为试验结果。

如六个测定值中有一个超出六个平均值的±10%，就应剔除这个结果，而以剩下五个的平均数为结果。如果五个测定值中再有超过它们平均数±10%的，则此组结果作废。

2. 试验结果的计算

各试体的抗折强度记录至0.1MPa，按规定计算平均值。计算精确至0.1MPa。

各个半棱柱体得到的单个抗压强度结果计算至0.1MPa，按"（2）抗压强度"计算平均值，计算精确至0.1MPa。

3. 试验报告

报告应包括所有各单个强度结果（包括按"1. 试验结果的确定"舍去的试验结果）和计算出的平均值。

例题

1. 用水泥胶砂强度检验方法测得一组数据（见表1-5），请计算出该组水泥胶砂试件的抗折、抗压强度结果。

水泥胶砂强度检验数据　　　　　　　　　　　表1-5

龄　期	抗折强度（MPa）	抗压破坏荷载（kN）	
	4.1	31.0　,	32.5
3d	3.5	28.5　,	27.7
	4.3	34.0　,	33.5

龄 期	抗折强度（MPa）	抗压破坏荷载（kN）
28d	6.8	77.8 ， 73.5
	6.2	75.0 ， 66.2
	7.9	75.6 ， 74.5

解：

（1）3d 龄期的抗折强度

$R_f=(4.1+3.5+4.3)/3=4.0MPa$

$(4.3-4)/4.0=7.5\%<10\%$

$(4-3.5)/4.0=12.5\%>10\%$

所以应剔除 3.5MPa 数值，

取 $R_f=(4.1+4.3)/2=4.2MPa$。

（2）3d 龄期的抗压强度

$R_{C_1}=0.000625\times31.0\times10^3=19.4MPa$

$R_{C_2}=0.000625\times32.5\times10^3=20.3MPa$

$R_{C_3}=0.000625\times28.5\times10^3=17.8MPa$

$R_{C_4}=0.000625\times27.7\times10^3=17.3MPa$

$R_{C_5}=0.000625\times34.0\times10^3=21.2MPa$

$R_{C_6}=0.000625\times33.5\times10^3=20.9MPa$

$R_C=(19.4+20.3+17.8+17.3+21.2+20.9)/6=19.5MPa$

$(21.2-19.5)/19.5\times100\%=8.7\%<10\%$

$(19.5-17.3)/19.5\times100\%=11.3\%>10\%$

所以应剔除 $R_{C_4}=17.3MPa$ 数值

$R_C=(19.4+20.3+17.8+21.2+20.9)/5=19.9MPa$

$(19.9-17.8)/19.9\times100\%=10.6\%>10\%$

所以该组结果作废。

（3）28d 龄期的抗折强度

$R_C=(6.8+6.2+7.9)/3=7.0MPa$

$(7.9-7)/7\times100\%=12.9\%>10\%$

$(7-6.2)/7\times100\%=11.4\%>10\%$

所以该组结果作废，应重做试验。

（4）28d 龄期的抗压强度

$R_{C_1}=0.000625\times77.8\times10^3=48.6MPa$

$R_{C_2}=0.000625\times73.5\times10^3=45.9MPa$

$R_{C_3}=0.000625\times75.0\times10^3=46.9MPa$

$R_{C_4}=0.000625\times66.2\times10^3=41.4MPa$

$R_{C_5}=0.000625\times75.6\times10^3=47.2MPa$

$R_{C_6}=0.000625\times74.5\times10^3=46.6MPa$

$R_C = (48.6 + 45.9 + 46.9 + 41.4 + 47.2 + 46.6)/6 = 46.1 \text{MPa}$

$(46.1 - 41.4)/46.1 \times 100\% = 10.2\% > 10\%$

$(48.6 - 46.1)/46.1 \times 100\% = 5.4\% < 10\%$

所以应剔除 $R_{C_4} = 41.4 \text{MPa}$ 数值

$R_C = (48.6 + 45.9 + 46.9 + 47.2 + 46.6)/5 = 47.0 \text{MPa}$

$(47.0 - 45.9)/47 \times 100\% = 2.3\% < 10\%$

$(48.6 - 47)/47 \times 100\% = 3.4\% < 10\%$

取 $R_C = 47.0 \text{MPa}$。

2. 某强度等级为 42.5 道路硅酸盐水泥样品，28d 龄期胶砂强度检验的结果如下：抗折荷载分别为 2.98kN、2.90kN 及 2.50kN，抗压荷载分别为 73.6kN、75.2kN、72.9kN、74.3kN、63.1kN 及 74.6kN，计算该水泥的抗压强度和抗折强度，并判断 28 天强度是否合格。

解：

抗折强度：$R_{f_1} = 1.5 F_f \times L/b3 = 1.5 \times 2.98 \times 100/43 = 7.0 \text{MPa}$

$\qquad\qquad R_{f_2} = 1.5 F_f \times L/b3 = 1.5 \times 2.90 \times 100/43 = 6.8 \text{MPa}$

$\qquad\qquad R_{f_3} = 1.5 F_f \times L/b3 = 1.5 \times 2.50 \times 100/43 = 5.9$

抗折强度平均值：$(7.0 + 6.8 + 5.9)/3 = 6.6 \text{MPa}$

因：$(6.6 - 5.9) \div 6.6 \approx 11\% > 10\%$，故 R_{f_3} 值应舍弃

抗折强度值为：$(7.0 + 6.8)/2 = 6.9 \text{MPa}$

抗压强度：$R_{c_1} = F_c/A = 73600/1600 = 46.0 \text{MPa}$

$\qquad\qquad R_{c_2} = F_c/A = 75200/1600 = 47.0 \text{MPa}$

$\qquad\qquad R_{c_3} = F_c/A = 72900/1600 = 45.6 \text{MPa}$

$\qquad\qquad R_{c_4} = F_c/A = 74300/1600 = 46.4 \text{MPa}$

$\qquad\qquad R_{c_5} = F_c/A = 63100/1600 = 39.4 \text{MPa}$

$\qquad\qquad R_{c_6} = F_c/A = 74600/1600 = 46.6 \text{MPa}$

抗压强度平均值：$(46.0 + 47.0 + 45.6 + 46.4 + 39.4 + 46.6)/6 = 45.2$

因：$(45.2 - 39.4)/2 \approx 13\% > 10\%$，故 R_{c_5} 值应舍弃

抗压强度值：$(46.0 + 47.0 + 45.6 + 46.4 + 46.6)/5 = 46.3 \text{MPa}$

因抗折强度 6.9MPa < 7.0MPa，故 28d 强度不合格。

思考题与习题

1. 水泥标准稠度用水量的测定前必须做到的操作为哪些？
2. 安定性测定时雷氏法的结果判定。
3. 水泥胶砂强度试验室及养护条件。
4. 水泥比表面积、水泥细度的结果判定取值规定。
5. 简述水泥胶砂流动度的试验过程。
6. 简述水泥安定性试验过程（雷氏法）。
7. 称取 25g 某普通水泥做细度试验，称得筛余量为 2.0g，$c = 1.0$。问该水泥的细度是多少？

8. 某硅酸盐水泥各龄期的强度测定值如表 1-6 所示，试评定其强度等级。

某硅酸盐水泥各龄期的强度测定值　　　　　　　　　　　　表 1-6

	抗折破坏荷载（N）		抗压破坏荷载（kN）			
龄期	3d	28d	3d		28d	
试验结果	2000	3200	40	42	90	93
	1900	3300	39	40	89	91
	1800	3100	41	40	90	90

9. 某水泥，测得其 28d 抗折、抗压破坏荷载如表 1-7 所示：

某水泥 28d 抗折、抗压破坏荷载　　　　　　　　　　　　表 1-7

技术要求 ＼ 试件编号	1		2		3	
抗折破坏荷载（kN）	2.9		2.6		2.8	
抗压破坏荷载（kN）	65.0	64.0	64.0	53.0	66.0	70.0

试计算该水泥 28d 抗折、抗压强度？

2.1　混凝土用砂的检验

2.1.1　砂的筛分析试验

1. 试验目的

通过试验测定砂各号筛上的筛余量，计算出各号筛的累计筛余和砂的细度模数，评定砂的颗粒级配和粗细程度。

2. 检测依据、取样及缩分

（1）检测依据：《普通混凝土用砂、石质量及检验标准》JGJ 52—2006

（2）取样：取样部位应均匀分布，取样前应先将取样部位表层铲除，然后由各部位抽取大致相等的砂 8 份。

（3）样品的缩分：将潮湿状态下的样品置于平板上拌合均匀。堆成厚度约 20mm 的"圆饼"状。沿相互垂直的两条直径将饼分成大致相等的四份。取其对角的两份重新拌匀，再堆成"圆饼"状。按上述步骤重复缩分，直至把样品缩分后的材料量略多于进行试验所需量为止。

3. 主要仪器设备

（1）试验筛：公称直径分别为 10.0mm、5.00mm、2.50mm、1.25mm、630μm、315μm、160μm 的方孔筛各一只，筛的底盘和盖各一只；筛框直径为 300mm 或 200mm。其产品质量要求应符合现行国家标准《金属丝编织网试验筛》GB/T 6003.1—2012 和《金属穿孔板试验筛》GB/T 6003.2—2012 的要求；

（2）天平：称量 1000g，感量 1g；

（3）摇筛机；

（4）烘箱：温度控制范围为（105±5）℃；

（5）浅盘、硬、软毛刷等。

4. 试验步骤

（1）用于筛分析的试样，其颗粒的公称粒径不应大于 10.0mm。试验前先将来样通过公称直径 10.0mm 的方孔筛，并计算筛余。称取经缩分后的样品不少于 550g 两份。分别装入浅盘，在 105±5℃的烘箱中烘干至恒重。冷却至室温备用。

（2）称取准备好的烘干试样 500g（特细砂 250g）。置于按筛孔大小顺序排列（大孔在上，小孔在下）的套筛的最上一只筛（公称直径为 5.00mm 的方孔筛）上。将套筛装入摇筛机中固紧，筛分 10min。

（3）取出后，按筛孔由大到小的顺序，在清洁的浅盘上逐一手筛，直到每分钟的筛出量不超过试样总量的 0.1%时为止；通过的颗粒并入下一个筛子，并和下一只筛子中的试样一起手筛。按这样的顺序依次进行，直到所有的筛子全部筛完。

（4）试样在各只筛子上的筛余量均不得超过下式计算得出的剩留量，否则应将该筛的筛余试样分成两份或数份，再次进行筛分，并以其筛余量之和作为该筛的筛余量。

$$m_r = A\frac{\sqrt{d}}{300} \tag{2-1}$$

式中： m_r——某一筛上的剩留量（g）

d——筛孔边长（mm）

A——筛的面积（m㎡）

（6）称取各筛筛余试样的质量（精确至 1g），所有各筛的分计筛余量和底盘中的剩余量之和与筛分前的试样总量相比，相差不得超过 1%；

5. 结果评定

（1）计算分计筛余（各筛上的筛余量除以试样总量的百分率），精确至 0.1%；

（2）计算累计筛余（该筛的分计筛余与筛孔大于该筛的各筛的分计筛余之和），精确至 0.1%；

（3）根据各筛两次试验累计筛余的平均值，评定该试样的颗粒级配分布情况，精确至 1%；

（4）砂的细度模度应按下式计算，精确至 0.01：

$$\mu_f = \frac{(\beta_2 + \beta_3 + \beta_4 + \beta_5 + \beta_6) - 5\beta_1}{100 - \beta_1} \tag{2-2}$$

式中： μ_f——砂的细度模数

β_1、β_2、β_3、β_4、β_5、β_6——分别为公称直径 5.00mm、2.50mm、1.25mm、630μm、315μm、160μm 方孔筛上的筛余。

（5）以两次试验结果的算术平均值作为测定值，精确至 0.1。当两次试验所得的细度模数之差大于 0.2 时，应重新取试样进行试验。

例题

用 500g 烘干砂进行筛分析试验，各筛上的筛余量见表 2-1。试分析该砂样的粗细程度和级配情况。

500g 烘干砂样各筛上筛余量

表 2-1

公称粒径	分计筛余量（g）	分计筛余（%）	累计筛余（%）
5.00mm	27		
2.50mm	43		
1.25mm	47		
630μm	191		
315μm	102		
160μm	82		
160μm 以下	8		
合计	500		

解：根据表 2-1 给定的各筛上筛余量的克数，计算出各筛上的分计筛余及累计筛余，填入表 2-2 中：

砂样的分计筛余及累计筛余情况   表 2-2

公称粒径	分计筛余量（g）	分计筛余（%）	累计筛余（%）
5.00mm	27	5.4	5.4
2.50mm	43	8.6	14.0
1.25mm	47	9.4	23.4
630um	191	38.2	61.6
315um	102	20.4	82.0
160um	82	16.4	98.4
160um 以下	8	1.6	100
合计	500		

计算细度模数

$$u_f = [(\beta_2 + \beta_3 + \beta_4 + \beta_5 + \beta_6) - 5\beta_1]/(100 - \beta_1)$$
$$= [(14.0 + 23.4 + 61.6 + 82.0 + 98.4) - 5 \times 5.4]/(100 - 5.4)$$
$$= 2.67$$

$u_f = 2.67$ 在 $3.0 \sim 2.3$ 之间，该砂样为中砂，为Ⅱ级配区。

2.1.2 砂中含泥量测定

1. 试验目的

通过试验测定砂中含泥量，评定砂是否达到技术要求，能否用于指定工程中。

2. 主要仪器设备

（1）试验筛：筛孔公称直径 1.25mm 和 80μm 方孔筛各一个。

（2）天平：称量 1000g，感量 1g。

（3）烘箱：温度控制范围为（105±5）℃。

（4）洗砂用的容器及烘干用的浅盘等。

3. 试验步骤

（1）样品经缩分至 1100g，置于温度为（105±5）℃的烘箱中烘干至恒重，冷却至室温后，称取各 400g（m_0）的试样两份备用。

（2）取烘干试样一份 400g 置于容器中，注入饮用水，水面高出砂面约 150mm，充分拌匀，浸泡 2h，然后用手在水中淘洗试样，使尘屑、淤泥和黏土与砂粒分离，并使之悬浮或溶于水中。

（3）缓缓地将浑浊液倒入公称直径为 1.25mm、80μm 的方孔套筛上（方孔套筛的两面用水润湿），滤去小于 80μm 的颗粒。在整个试验过程中应避免砂粒丢失。

（4）再次加水于容器中，重复上述过程，直到筒内洗出的水清澈为止。

（5）用水淋洗剩留在筛上的细粒，并将 80μm 筛放在水中来回摇动，（以充分洗除小于 80μm 的颗粒）。

（6）然后将两只筛上剩留的颗粒和容器中已经洗净的试样一并装入浅盘，置于温度为

(105±5)℃的烘箱中烘干至恒重。取出来冷却至室温，称试样的质量（m_1）。

4. 结果评定

（1）砂的含泥量 ω_c 按下式计算（精确至 0.1％）

$$\omega_c = (m_0 - m_1)/m_0 \times 100 \tag{2-3}$$

式中：ω_c——砂中含泥量（％）；

m_0——试验前的烘干试样质量（g）；

m_1——试验后的烘干试样质量（g）。

（2）以两个试样试验结果的算术平均值作为测定值。两次结果之差大于 0.5％时，应重新取样进行试验。

2.1.3 砂中泥块含量测定

1. 试验目的

通过试验测定砂中泥块含量，评定砂是否达到技术要求，能否用于指定工程中。

2. 主要仪器设备

（1）试验筛：筛孔公称直径 630μm 和 1.25mm 方孔筛各一个。

（2）天平：称量 1000g，感量 1g；称量 5000g，感量 5g。

（3）烘箱：温度控制范围为（105±5）℃。

（4）洗砂用的容器及烘干用的浅盘等。

3. 试验步骤

（1）将样品缩分至 5000g。置于温度为（105±5）℃的烘箱中烘干至恒重，冷却至室温后。用公称直径 1.25mm 的方孔筛筛分。取筛上的砂不少于 400g 分为两份备用（特细砂按实际筛分量）。

（2）称取试样约 200g（m_1）置于容器中。并注入饮用水，使水面高出砂面 150mm。

（3）充分拌匀，浸泡 24h。然后用手在水中碾碎泥块。再把试样放在公称直径 630μm 的方孔筛上，用水淘洗，直至水清澈为止。

（4）保留下来的试样应小心地从筛里取出，装入水平浅盘后。置于温度为（105±5）℃烘箱中烘干至恒重，冷却后称重（m_2）。

4. 结果评定

（1）砂中泥块含量 $\omega_{c,1}$ 应按下式计算（精确至 0.1％）：

$$\omega_{c,1} = (m_1 - m_2)/m_1 \times 100\% \tag{2-4}$$

式中：$\omega_{c,1}$——砂中泥块含量（％）；

m_1——试验前的干燥试样质量（g）；

m_2——试验后的干燥试样质量（g）。

（2）取两次试验结果的算术平均值作为测定值。

2.1.4 砂的表观密度试验

1. 试验目的

测定砂的表观密度，作为砂的质量评定和混凝土配合比设计的依据。

2. 主要仪器设备

(1) 烘箱：温度控制范围为 (105±5)℃；

(2) 天平：称量 1000g，感量 1g；

(3) 容量瓶：500mL。

3. 试验步骤

(1) 经缩分后不少于 650g 的样品装入浅盘，放在烘箱中于 (105±5)℃下烘干至恒重，并在干燥器内冷却至室温。

(2) 称取烘干的试样 300g(m_0)，装入盛有半瓶冷开水的容量瓶中，摇转容量瓶，使试样在水中充分搅动以排除气泡，塞紧瓶盖，静置 24h；然后用滴管加水至容量瓶 500mL 刻度处，塞紧瓶塞，擦干瓶外水分，称出其质量 (m_1)。

(3) 倒出容量瓶中的水和试样，洗净容量瓶，再向容量瓶内注水（应与上项水温相差不超过 2℃）至 500mL 刻度处，塞紧瓶塞，擦干瓶外水分，称出其质量 (m_2)。

4. 结果计算与评定

(1) 表观密度 ρ 应按下式计算，精确至 10kg/m³：

$$\rho = [m_0/(m_0 + m_2 - m_1) - \alpha_t] \times \rho_水 \tag{2-5}$$

式中：ρ——砂的表观密度（kg/m³）；

m_0——试样的烘干质量（g）；

m_1——试样、水及容量瓶的总质量（g）；

m_2——水及容量瓶的总质量（g）；

$\rho_水$——水的密度（1000kg/m³）；

α_t——水温对砂的表观密度影响的修正系数，见表 2-3。

不同水温对砂的表观密度影响的修正系数　　　表 2-3

水温℃	15	16	17	18	19	20
α_t	0.002	0.003	0.003	0.004	0.004	0.005
水温℃	21	22	23	24	25	
α_t	0.005	0.006	0.006	0.007	0.008	

(2) 以两次试验结果的算术平均值作为测定值。当两次试验结果之差大于 20kg/m³，须重新试验。

2.1.5 砂的堆积密度与紧密密度试验

1. 试验目的

测定砂的堆积密度、紧密密度和空隙率，作为混凝土配合比设计或一般用的依据。

2. 主要仪器设备

(1) 烘箱：温度控制范围为 (105±5)℃；

(2) 秤：称量 5kg，感量 5g；

(3) 容量筒：圆柱形金属筒，内径 108mm，净高 109mm，筒壁厚 2mm。

3. 试验步骤

(1) 先用公称直径 5.00mm 的筛子过筛，然后取经缩分后的样品不少于 3L，装入浅盘，放在烘箱中于（105±5）℃下烘干至恒重，待冷却至室温后，分为大致相等的两份备用。试样烘干后若有结块，应在试验前先予捏碎。

（2）堆积密度：取试样一份，用漏斗或铝料勺，将它徐徐装入容量筒（漏斗出料口或料勺距容量筒筒口不应超过50mm）直至试样装满并超出容量筒筒口。然后用直尺将多余的试样沿筒口中心线向相反方向刮平，称其质量（m_2）。

（3）紧密密度：取试样一份，分两层装入容量筒。装完一层后，在筒底垫放一根直径为10mm的钢筋，将筒按住，左右交替颠击地面各25次，然后再装入第二层；第二层装满后用同样的方法颠实后（但筒底所垫钢筋的方向应与第一层放置方向垂直），二层装完并颠实后，加料直至试样超出容量筒筒口，然后用直尺将多余的试样沿筒口中心线向两个相反方向刮平，称其质量（m_2）。

4. 结果计算与评定

（1）堆积密度（ρ_1）及紧密密度（ρ_c）按下式计算，精确至10kg/m³：

$$\rho_1(\rho_c) = (m_2 - m_1)/V \times 1000 \tag{2-6}$$

式中：m_1——容量筒质量（kg）；

m_2——容量筒和砂总质量（kg）；

V——容量筒容积（L）。

以两次试验结果的算术平均值作为测定值。

（2）空隙率按下列式计算，精确至1%：

$$\gamma_1 = (1 - \rho_1/\rho) \times 100$$
$$\gamma_c = (1 - \rho_c/\rho) \times 100 \tag{2-7}$$

式中：γ_1——堆积密度的空隙率（%）；

γ_c——紧密密度的空隙率（%）；

ρ_1——砂的堆积密度（kg/m³）；

ρ_c——砂的紧密密度（kg/m³）；

ρ——砂的表观密度（kg/m³）。

2.2 混凝土用石的检验

2.2.1 石子的筛分析试验

1. 试验目的

测定卵石或碎石的颗粒级配，为混凝土配合比设计提供依据。

2. 检测依据

《普通混凝土用砂、石质量及检验标准》JGJ 52—2006

3. 取样

取样部位应均匀分布，取样前应先将取样部位表层铲除，然后由各部位抽取大致相等的石子16份。

4. 样品的缩分

将样品置于平板上，在自然状态下拌均匀。并堆成锥体。然后沿互相垂直的两条直径把锥体分成大致相等的四份。取其对角的两份重新拌匀，再堆成锥体。重复上述过程，直至把样品缩分至试验所需量为止。

5. 主要仪器设备

烘箱：温度控制范围为（105±5）℃；

试验筛：筛孔公称直径为 100.0mm、80.0mm、63.0mm、50.0mm、40.0mm、31.5mm、25.0mm、20.0mm、16.0mm、10.0mm、5.00mm 及 2.50mm 方孔筛各一只，并附有筛底和筛盖；

天平和秤：天平的称量 5kg，感量 5g；秤的称量 20kg，感量 20g。

6. 试验步骤

（1）按规定方法取样，并将试样缩分至略大于表 2-4 规定的质量，并烘干或风干后备用。

筛分析所需试样的最少质量　　　　　　　　　　表 2-4

公称粒径（mm）	试样最少质量（kg）	公称粒径（mm）	试样最少质量（kg）
10.0	2.0	31.5	6.3
16.0	3.2	40.0	8.0
20.0	4.0	63.0	12.6
25.0	5.0	80.0	16.0

（2）称取按表 2-4 规定质量的试样。

（3）将试样按筛孔大小顺序过筛，直到各筛每分钟通过量不超过试样总量的 0.1% 为止；

（注：当筛余试样的颗粒粒径比公称粒径大 20mm 以上时，在筛分过程中，允许用手指拨动颗粒。）

（4）称出各号筛筛余的质量，精确至试样总质量的 0.1%。各筛的分计筛余量和筛底剩余量的总和与筛分前测定的试样总量相比，其相差不得超过 1%。

7. 结果评定

（1）计算分计筛余：以各号筛的筛余量除以试样总质量的百分率表示，精确至 0.1%；

（2）计算累计筛余：该筛的分计筛余与筛孔大于该筛的各筛的分计筛余百分率之总和，精确至 1%；

（3）根据各筛的累计筛余，评定该试样的颗粒级配。

2.2.2 石子含泥量测定

1. 试验目的

通过试验测定石子中含泥量，评定石子是否达到技术要求，能否用于指定工程中。

2. 主要仪器设备

（1）烘箱：温度控制范围为（105±5）℃；

（2）秤：称量 20kg，感量 20g；

（3）试验筛：筛孔公称直径为 1.25mm 及 80μm 的方孔筛各一只；

（4）容器：容积约 10L 的瓷盘或金属盒。

3. 试验步骤

（1）按规定取样，将试样缩分至表 2-5 规定的质量。放在烘箱中于（105±5）℃下烘干至恒量，冷却至室温后，分成两份备用。

含泥量试验所需的试样最质量

表 2-5

项 目 \ 最大公称粒径	10.0	16.0	20.0	25.0	31.5	40.0	63.0	80.0
最少试样质量（kg）	2	2	6	6	10	10	20	20

（2）称取试样一份（m_0）装入容器中摊平，并注入饮用水，使水面高出石子表面150mm，浸泡 2h 后，用手在水中淘洗颗粒，使尘屑、淤泥和黏土与较粗颗粒分离，并使之悬浮或溶解于水。把浑水缓缓倒入公称直径为 $1.25\mu m$、$80\mu m$ 的方孔套筛上，滤去小于 $80\mu m$ 的颗粒。试验前筛子的两面应先用水润湿，在整个试验过程中应注意避免大于 $80\mu m$ 的颗粒丢失。

（3）再次加水于容器中，重复上述操作，直到洗出的水清澈为止。

（4）用水淋洗剩余在筛上的细粒，并将 $80\mu m$ 的方孔筛放在水中来回摇动，以充分洗除小于 $80\mu m$ 的颗粒，然后将两只筛上筛余的颗粒和筒中已洗净的试样一并装入浅盘中，置于烘箱中于（105 ± 5）℃下烘干至恒量，取出冷却至室温后，称出试样的质量（m_1）。

4. 结果评定

（1）碎石或卵石的含泥量 ω_c 按下式计算，精确至 0.1%：

$$\omega_c = (m_0 - m_1)/m_0 \times 100 \tag{2-8}$$

式中：ω_c——含泥量（%）；

m_0——试验前烘干试样的质量（g）；

m_1——试验后烘干试样的质量（g）。

（2）以两次试验结果的算术平均值作为测定值。两次结果之差大于 0.2% 时，应重新取样试验。

2.2.3 碎、卵石泥块含量测定

1. 试验目的

通过试验测定石子中泥块含量，评定石子是否达到技术要求，能否用于指定工程中。

2. 主要仪器设备

（1）烘箱：温度控制范围为（105 ± 5）℃；

（2）秤：称量 20kg，感量 20g；

（3）试验筛：筛孔公称直径为 2.50mm 及 5.00mm 的方孔筛各一只。

3. 试验步骤

（1）按规定取样，将试样缩分至略大于表 2-4 规定的质量，放在烘箱中于（105 ± 5）℃下烘下至恒量，冷却至室温后，分成两份备用。

（2）筛去公称粒径 5.00mm 以下颗粒，称取质量（m_1）。

（3）将试样在容器中摊平，加入饮用水使水面高出试样表面，浸泡 24h 把水放出，用手碾压泥块，然后把试样放在公称直径为 2.50mm 的方孔筛上摇动淘洗，直至洗出的水清澈为止。

（4）将筛上的试样小心地从筛中取出，放在烘干箱中于（105±5）℃下烘干至恒量，取出冷却至室温后称取质量（m_2）。

4. 结果评定

（1）石子的泥块含量 $\omega_{c,1}$ 应按下式计算，精确至 0.1%：

$$\omega_{c,1} = (m_1 - m_2)/m_1 \times 100 \tag{2-9}$$

式中：$\omega_{c,1}$——泥块含量（%）；

　　m_1——5.00mm 筛筛余量（g）；

　　m_2——试验后烘干试样的质量（g）。

（2）取两次试样试验结果的算术平均值作为测定值。

2.2.4 石子压碎值测定

1. 仪器设备

（1）压力试验机：荷载 300kN。

（2）压碎值指标测定仪。

（3）秤：称量 5kg，感量 5g。

（4）试验筛：筛孔公称直径为 10.0 和 20.0mm 的方孔筛各一只。

2. 试验步骤

试样制备应符合下列规定：

（1）标准试样一律采用公称粒级为 10.0～20.0mm 的颗粒，并在风干状态下进试验。

（2）对多种岩石矿物成分与 10.0～20.0mm 粒级有显著差异时，应将大于 20.0mm 的颗粒应经人工破碎后，筛取 10.0mm～20.0mm 标准粒级进行压碎值指标试验。

（3）将缩分后的样品先筛除试样中公称粒径 10.0mm 以下及 20.0mm 以上的颗粒

（4）用针状和片状规准仪剔除针状和片状颗粒。然后称取每份 3kg 的试样 3 份备用。

压碎值指标试验应按下列步骤进行：

（1）置圆筒于底盘上，取试样一份，分二层装入圆筒。每装完一层试样后，在底盘下面垫放一直径为 10mm 的圆钢筋。将筒按住，左右交替颠击各 25 下。第二层颠实后，试样表面距盘底的高度应控制为 100mm 左右。

（2）整平筒内试样表面，把加压头装好（注意应使加压头保持平正）。

（3）放到压力试验机上在 160～300s 内均匀地加荷到 200kN。稳定 5s，然后卸荷。

（4）取出测定筒，倒出筒中的试样并称其质量。

（5）用公称直径 2.50mm 的方孔筛筛除被压碎的细粒，称量剩留在筛上试样质量。

3. 数据处理

（1）碎石和卵石的压碎值指标应按下式计算。（精确至 0.1%）

$$\delta_a = \frac{m_0 - m_1}{m_0} \times 100 \tag{2-10}$$

式中：δ_a——压碎值指标（%）；

　　m_0——试样质量（g）；

　　m_1——压碎试验后筛余的试样质量（g）。

（2）多种岩石组成的卵石应对公称粒径 20.0 以下和 20.0mm 以上的标准粒级（10.0

～20.0mm）分别进行检验，则其总压碎值指标按下式计算：

$$\delta_a = \frac{a_1\delta_{a_1} - a_2\delta_{a_2}}{a_1 + a_2} \times 100 \tag{2-11}$$

式中：δ_a——压碎值指标（%）；

a_1、a_2——公称粒径 20.0mm 以下和 20.0mm 以上两粒级的颗粒含量百分率；

δ_{a_1}、δ_{a_2}——两粒级以标准粒级试验的分计压碎值指标（%）。

以三次试验结果的算术平均值作为压碎指标测定值。

2.2.5 含水率的测定

1. 仪器设备

（1）烘箱：温度控制范围为（105±5）℃；

（2）秤：秤的称量 20kg，感量 20g；

（3）容器：如浅盘等。

2. 试验步骤

（1）按表 2-6 称取试样两份备用。

公称粒径和试样最少质量   表 2-6

公称粒径（mm）	10.0	16.0	20.0	25.0	31.5	40.0	63.0	80.0
试样最少质量（kg）	2	2	2	2	3	3	4	6

（2）将试样置于干净的容器中，称取试样和容器的总质量，并在（105±5）℃烘箱中烘干至恒重。

（3）取出试样，冷却后称取试样与容器的总质量。

3. 数据处理

（1）含水率按下式计算，精确至 0.1%。

$$\omega_{w_c} = \frac{m_1 - m_2}{m_1 - m_3} \times 100 \tag{2-12}$$

式中：ω_{w_c}——含水率（%）；

m_1——烘干前试样与容器的总质量（g）；

m_2——烘干后的试样与容器的总质量（g）；

m_3——容器质量（g）。

（2）以两次试验结果的算术平均值作为测定值。

2.2.6 针状和片状颗粒的总量试验

1. 试验设备

（1）针状规准仪和片状规准仪，或游标卡尺。

（2）天平：称量 2kg，感量 2g。

（3）秤：称量 20kg，感量 20g。

（4）试验筛：孔径分别为 5.00mm、10.0mm、20.0mm、25.0mm、31.5mm、40.0mm、63.0mm、80.0mm，根据需要选用。

(5) 卡尺。

2. 试样制备

试验前，将来样在室内风干至表面干燥，并用缩至（表 2-7）规定的数量，称量（m_0），然后筛分成（表 2-8）所规定的粒级备用。

针、片状试验所需的试样最少质量　　　　表 2-7

最大粒径（mm）	10.0	16.0	20.0	25.0	31.5	≥40.0
试样最少质量（kg）	0.3	1	2	3	5	10

针、片状试验粒级划分及其相应的规准仪孔宽或间距　　　　表 2-8

粒　级（mm）	5.00～10.0	10.0～16.0	16.0～20.0	20.0～25.0	25.0～31.5	31.5～40.0
片状规准仪上相对应的孔宽（mm）	2.8	5.1	7.0	9.1	11.6	13.8
针状规准仪上相对应的间距（mm）	17.1	30.6	42.0	54.6	69.6	82.8

3. 试验步骤

(1) 按上表所规定的粒级用规准仪逐粒对试样进行鉴定，凡颗粒长度大于针状规准仪上相对应间距者，为针状颗粒。厚度小于片状规准仪上相应孔宽者，为片状颗粒；

(2) 粒径大于 40mm 的碎石或卵石可用卡尺鉴定其针片状颗粒，卡尺卡口的设定宽度应符合（表 2-9）的规定。

大于 40mm 粒级颗粒卡尺卡口的设定宽度　　　　表 2-9

粒　级（mm）	40～63	63～80
片状颗粒的卡口宽度（mm）	18.1	27.6
针状颗粒的卡口宽度（mm）	108.6	165.6

(3) 称量由各粒级挑出的针状和片状颗粒的总质量（m_1）。

4. 数据处理与结果判定

碎石或卵石中针、片状颗粒含量应按下式计算（精确至 1%）：

$$\omega_s = \frac{m_1}{m_0} \times 100 \qquad (2\text{-}13)$$

式中：m_1——试样中所含针、片状颗粒的总质量（g）；

$\qquad m_0$——试样总质量（g）。

2.3　混凝土掺合料的检测

2.3.1　粉煤灰的检测

1. 粉煤灰检测依据

《用于水泥和混凝土中的粉煤灰》GB 1596—2005

2. 粉煤灰细度检测方法

（1）方法原理

利用气流作为筛分的动力和介质，通过旋转的喷嘴喷出的气流作用使筛网里的待测粉状物料呈流态化，并在整个系统负压的作用下，将细颗粒通过筛网抽走，从而达到筛分的目的。采用 $45\mu m$ 方孔筛对粉煤灰试样进行筛析试验，用筛上筛余物的质量百分数来表示粉煤灰样品的细度。为保持筛孔的标准度，在用试验筛应用已知筛余的标准样品来标定。

（2）仪器设备

负压筛析仪，$45\mu m$ 方孔筛和量程不小于 50g、最小分度值不大于 0.01g 的天平。

（3）细度检验

筛析试验前，应把负压筛放在筛座上，盖上筛盖，接通电源，检查控制系统，调节负压至 $4000\sim6000Pa$ 范围内。

应先将测试粉煤灰样品置于温度为 $105\sim110℃$ 烘干箱内烘至恒重，然后将称取粉煤灰试样约 10g（准确至 0.01g），置于洁净的 $45\mu m$ 方孔筛中，放在筛座上，盖上筛盖，开动筛析仪连续筛析 3min，在此期间应使负压稳定在 $4000\sim6000Pa$ 范围内，可用轻质木棒或硬橡胶棒轻敲打筛盖，以防吸附。

3min 后，如出现颗粒成球、粘筛或有细颗粒沉积在筛框边缘，用毛刷将细颗粒轻轻刷开，将定时开关固定在手动位置，再筛析 $1\sim3min$ 直至筛分彻底为止。

将筛网内的筛余物收集并称量，准确至 0.01g。

（4）结果计算及处理

粉煤灰试样筛余百分数按下式计算：

$$F = \frac{G_1}{G} \times 100 \tag{2-14}$$

式中：F——$45\mu m$ 方孔筛筛余百分数（%）；

G_1——筛余物的质量（g）；

G——称取水泥试样的质量（g）。

结果计算至 0.1%。

（5）筛网的校正

筛网的正采用粉煤灰细度标准样品或其他同等级标准样品，按上述步骤测定标准样品的细度，筛网校正系数按下式计算。

$$K = \frac{m_0}{m} \tag{2-15}$$

式中：K——筛网校正系数；

m_0——标准样品筛余标准值（%）；

m——标准样品筛余实测值（%）。

计算至 0.1。筛网校正系数范围为 $0.8\sim1.2$，筛析 150 个样品后进行筛网校正。

3. 粉煤灰需水量比检测方法

（1）方法原理

按《水泥胶砂流动度测定方法》GB/T 2419—2005 测定试验胶砂和对比胶砂的流动度，以二者流动度达到 $130\sim140mm$ 时的加水量之比确定粉煤灰的需水量比。

（2）仪器设备

量程不小于1000g、最小分度值不大于1g的天平，行星式水泥胶砂搅拌机，流动度跳桌。

（3）需水量比检验

胶砂配比按表2-10。

粉煤灰需水量比试验用胶砂配比 表 2-10

胶砂种类	水泥（g）	粉煤灰（g）	标准砂（g）	加水量（ml）
对比胶砂	250	—	750	125
试验胶砂	175	75	750	按流动度达到130～140mm调整

试验胶砂按《水泥胶砂强度检验方法（ISO法）》GB/T 17671—1999 规定进行搅拌。搅拌后的试验胶砂按《水泥胶砂流动度测定方法》GB/T 2419—2005 测定流动度，当流动度在130～140mm 范围内，记录时的加水量；当流动度小于130 或大于140mm 时，重新调整加水量，直至流动度达到130～140mm 为止。

（4）结果计算及处理

需水量比按下式计算。

$$X = (L_1/125) \times 100 \tag{2-16}$$

式中：X——需水量比（%）；

L_1——试验胶砂流动度达到130mm～140mm 时的加水量（mL）；

125——对比胶砂的加水量（mL）。

计算到1%。

4. 粉煤灰含水量检测方法

（1）方法原理

将粉煤灰放入规定温度的烘干箱内烘至恒重，以烘干前和烘干后的质量之差与烘干前的质量之比确定粉煤灰的含水量。

（2）仪器设备

量程不小于50g、最小分度值不大于0.01g 的天平，可控制温度不低于110℃，最小分度值不大于2℃的烘干箱。

（3）含水量检验

称取粉煤灰试样约100g，准确至0.01g，倒入蒸发皿中。

将烘干箱温度调整并控制在105～110℃。

将粉煤灰试样放入烘干箱内烘至恒重，取出放在干燥器中冷却至室温后称量，准确至0.01g。

（4）结果计算及处理

含水量按下式计算：

$$W = [(\omega_1 - \omega_0)/\omega_1] \times 100 \tag{2-17}$$

式中：W——含水量（%）；

ω_1——烘干前试样的质量（g）；

ω_0——烘干后试样的质量（g）；

计算到 1%。

2.3.2 粒化高炉矿渣粉活性指数及流动度比的检测

1. 方法原理

测定试验样品和对比样品的抗压强度，采两种同龄期的抗压强度之比评价渣粉活性指数。测定试验样品和对比样品的流动度，两者流动度之比评价矿渣粉流动度比。

2. 样品

对比水泥：符合《通用硅酸盐水泥》国家标准第 1 号修改单 GB 175—2007/XG1-2009 规定的强度等级为 42.5 的硅酸盐水泥或普通硅酸盐水泥，且 7d 抗压强度 35~45MPa，28d 抗压强度 50~60MPa，比表面积 300~400m²/kg，三氧化硫含量 2.3%~2.8%，碱含量 0.5%~0.9%。

试验样品：由对比水泥和矿渣粉按质量比 1：1 组成。

3. 活性指数及流动度比检验

（1）砂浆配比

对比胶砂和试验胶砂配比如表 2-11 所示。

活性指数及流动度比试验用胶砂配比　　　　　表 2-11

胶砂种类	对比水泥（g）	粉煤灰（g）	标准砂（g）	水（ml）
对比胶砂	450	—	1350	225
试验胶砂	225	225	1350	225

（2）试验

按《水泥胶砂强度检验方法（ISO 法）》GB/T 17671—1999 进行搅拌砂浆。分别测定对比胶砂和试验胶砂的流动度及 7d、28d 抗压强度。

4. 活性指数结果计算及处理

矿渣粉 7d 活性指数按式 2-18 计算，计算结果保留至整数。

$$A_7 = \frac{R_7 \times 100}{R_{07}} \tag{2-18}$$

式中：A_7——矿渣粉 7d 活性指数（%）；

　　　R_{07}——对比胶砂 7d 抗压强度（MPa）；

　　　R_7——试验胶砂 7d 抗压强度（MPa）。

矿渣粉 28d 活性指数按式 2-19 计算，计算结果保留至整数。

$$A_{28} = \frac{R_{28} \times 100}{R_{028}} \tag{2-19}$$

式中：A_{28}——矿渣粉 28d 活性指数（%）；

　　　R_{028}——对比胶砂 28d 抗压强度（MPa）；

　　　R_{28}——试验胶砂 28d 抗压强度（MPa）。

5. 流动度比结果计算及处理

矿渣粉流动度比按式 2-20 计算，计算结果保留至整数。

$$F = \frac{L \times 100}{L_m} \tag{2-20}$$

式中：F——矿渣粉流动度比（%）；

$\quad L_m$——对比样品胶砂流动度（mm）；

$\quad L$——试验样品胶砂流动度（mm）。

2.4 混凝土外加剂

2.4.1 混凝土外加剂性能试验方法（匀质性试验方法）

1. 检测依据

《混凝土外加剂匀质性试验方法》GB/T 8077—2012

2. 含固量试验方法

本方法适用于测定混凝土液体外加剂中固体物的百分含量。

（1）仪器

① 天平：分度值 0.0001g；

② 鼓风电热恒温干燥箱（0～200℃）；

③ 带盖称量瓶（25mm×65mm）；

④ 干燥器（内盛变色硅胶）。

（2）试验步骤

① 将洁净带盖称量瓶放入烘箱内，于 100～105℃ 烘 30min，取出置于干燥器内，冷却 30min 后称量，重复上述步骤直至恒重，其质量为 m_0。

② 将被测液体试样装入已经恒重的称量瓶内，盖上盖称出液体试样及称量瓶的总质量为 m_1。液体试样称量：3.0000～5.0000g。

③ 将盛有液体试样的称量瓶放入烘箱内，开启瓶盖，升温至 100～105℃（特殊品种除外）烘干，盖上盖置于干燥器内冷却 30min 后称量，重复上述步骤直至恒重，其质量为 m_2。

（3）结果计算

含固量 $X_固$ 按下式计算：

$$X_固 = [(m_2 - m_0)/(m_1 - m_0)] \times 100 \qquad (2\text{-}21)$$

式中：$X_固$——含固量（%）；

$\quad m_0$——称量瓶的质量（g）；

$\quad m_1$——称量瓶加液体试样的质量（g）；

$\quad m_2$——称量瓶加液体试样烘干后的质量（g）。

（4）重复性限和再现性限

重复性限：在重复条件下两个测试结果的绝对差小于或等于此数的概率为 95%。

重复性限为 0.30%；再现性限为 0.50%。

3. 含水率试验方法

适用于测定混凝土固体外加剂中的含水百分含量。

（1）仪器

天平：分度值 0.0001g；

鼓风电热恒温干燥箱（0～200℃）；

带盖称量瓶（25mm×65mm）；

干燥器（内盛变色硅胶）。

（2）试验步骤

① 将洁净带盖称量瓶放入烘箱内，于 100～105℃烘 30min，取出置于干燥器内，冷却 30min 后称量，重复上述步骤直至恒重，其质量为 m_0。

② 将被测粉状试样装入已经恒重的称量瓶内，盖上盖称出粉状试样及称量瓶的总质量为 m_1。粉状试样称量：1.0000～2.0000g。

③ 将盛有粉状试样的称量瓶放入烘箱内，开启瓶盖，升温至 100～105℃（特殊品种除外）烘干，盖上盖置于干燥器内冷却 30min 后称量，重复上述步骤直至恒重，其质量为 m_2。

（3）结果计算

含水率 $X_水$ 按下式计算：

$$X_水 = [(m_1 - m_2)/(m_1 - m_0)] \times 100 \qquad (2\text{-}22)$$

式中：$X_水$——含水率（%）；

m_0——称量瓶的质量（g）；

m_1——称量瓶加粉状试样的质量（g）；

m_2——称量瓶加粉状试样烘干后的质量（g）。

（4）重复性限和再现性限

重复性限为 0.30%；再现性限为 0.50%。

4. 密度试验方法

（1）比重瓶法

将已校正容积（V 值）的比重瓶，灌满被测溶液，在 20±1℃恒温，在天平上称出其质量。

1）测试条件

① 被测溶液的温度为 20℃±1℃；

② 如有沉淀应滤去。

2）仪器

① 比重瓶（25mL 或 50mL）；

② 天平（分度值 0.0001g）；

③ 干燥器（内盛变色硅胶）；

④ 超级恒温器或同等条件的恒温设备。

3）试验步骤

① 比重瓶容积的校正

比重瓶依次用水、乙醇、丙酮和乙醚洗涤并吹干，塞子连瓶一起放入干燥器内，取出称量比重瓶之自重为 m_1，直至恒重。然后将预先煮沸并经冷却的水装入瓶内，塞上塞子，使多余的水分从塞子毛细管流出，用吸水纸吸干瓶外的水。注意不能让吸水纸吸出塞子毛细管里的水，水要保持与毛细管上口相平，立即在天平上称出比重瓶装满水后的质量 m_2。

比重瓶在 20℃时容积 V 按下式计算

$$V = (m_2 - m_1)/0.9982 \qquad (2\text{-}23)$$

式中：V——比重瓶在 20℃时容积（mL）；

m_1——干燥的比重瓶质量（g）；

m_2——比重瓶盛满 20℃水的质量（g）；

0.9982——20℃时纯水的密度（g/mL）。

② 外加剂溶液密度 ρ 的测定

将已校正 V 值的比重瓶洗净、干燥，灌满被测溶液，塞上塞子后浸入 20±1℃超级恒温器内，恒温 20min 后取出，用吸水纸吸干瓶外的水及由毛细管溢出的溶液后，在天平上称出比重瓶装满外加剂溶液后的质量为 m_3。

4）结果计算

外加剂溶液的密度按下式计算：

$$\rho = (m_3 - m_1)/V = [(m_3 - m_1)/(m_2 - m_1)] \times 0.9982 \qquad (2\text{-}24)$$

式中：ρ——20℃时外加剂溶液密度（g/mL 或 kg/L）；

$\quad V$——20℃时比重瓶的容积（mL）；

$\quad m_1$——干燥的比重瓶的质量（g）；

$\quad m_2$——比重瓶装满 20℃水后的质量（g）；

$\quad m_3$——比重瓶装满 20℃外加剂溶液后的质量（g）；

0.9982——20℃时纯水的密度（g/mL）。

5）重复性限和再现性限

重复性限为 0.001g/mL；再现性限为 0.002g/mL。

（2）精密密度计法

先以波美比重计测出溶液的密度，再参考波美比重计所测的数据，以精密密度计准确测出试样的密度 ρ 值。

1）测试条件

① 被测溶液的温度为 20℃±1℃；

② 如有沉淀应滤去。

2）仪器

① 波美比重计；

② 精密密度计；

③ 超级恒温器或同等条件的恒温设备。

3）试验步骤

① 将已恒温的外加剂溶液倒入 500mL 玻璃量筒内，以波美比重计插入溶液中测出该溶液的密度。

② 参考波美比重计所测溶液的数据，选择这一刻度范围的精密密度计插入溶液中，精确读出溶液凹液面与精密密度计相齐的刻度即为该溶液的密度 ρ。

4）结果表示

测得的数据即为 20℃时外加剂溶液的密度。

5）重复性限和再现性限

重复性限为 0.001g/mL；再现性限为 0.002g/mL。

5. 细度试验方法

采用孔径为 0.315mm 的试验筛，称取烘干试样倒入筛内，用人工筛样，称量筛余物质量。

（1）仪器

天平：分度值 0.001g；

试验筛

采用孔径为 0.315mm 的铜丝网筛布。筛框有效直径 150mm、高 50mm。筛布应紧绷在筛框上，接缝应严密，并附有筛盖。

（2）试验步骤

外加剂试样应充分拌匀并经 100～105℃（特殊品种除外）烘干，称取烘干试样 10g，称准至 0.001g 倒入筛内，用人工筛样，将近筛完时，必须一手执筛往复摇动，一手拍打，摇动速度每分钟约 120 次。其间，筛子应向一定方向旋转数次，使试样分散在筛布上，直至每分钟通过不超过 0.005g 时为止。称量筛余物，称准至 0.001g。

（3）结果计算

细细度用筛余（%）表示按下式计算：

$$筛余 = (m_1/m_0) \times 100 \qquad (2\text{-}25)$$

式中：m_1——筛余物质量（g）；

m_0——试样质量（g）。

（4）重复性限和再现性限

重复性限为 0.40%；再现性限为 0.60%。

6. pH 值试验方法

（1）原理

根据奈斯特*（Nernst）方程 $E = E_0 + 0.05915 \times \log [H^+]$，$E = E_0 - 0.05915 \times pH$，利用一对电极在不同 pH 值溶液中能产生不同电位差，这一对电极由测试电极（玻璃电极）和参比电极（饱和甘汞电极）组成，在 25℃ 时每相差一个单位 pH 值时产生 59.15mV 的电位差，pH 值可在仪器的刻度表上直接读出。

（2）仪器

酸度计；

甘汞电极；

玻璃电极；

复合电极；

天平：分度值 0.0001g。

（3）测试条件

液体试样直接测试；

粉状试样溶液的浓度为 10g/L；

被测溶液的温度为 20℃±3℃。

（4）试验步骤

1）按仪器出厂说明书校正仪器。

2）测量

当仪器校正好后，先用水，再用测试溶液冲洗电极，然后再将电极浸入被测溶液中轻轻摇动试杯，使溶液均匀。待到酸度计的读数稳定 1min，记录读数。测量结束后，用水冲洗电极，以待下次测量。

（5）结果表示

酸度计测出的结果即为溶液的 pH 值。

（6）重复性限和再现性限

重复性限为 0.2；再现性限为 0.5。

7. 氯离子含量试验方法

本方法适用于测定混凝土外加剂中的氯离子含量。

（1）原理

用电位滴定法，以银电极为指示电极，其电势随 Ag^+ 浓度而变化。以甘汞电极为参比电极，用电位计或酸度计测定两电极在溶液中组成原电池的电势，银离子与氯离子反应生成溶解度很小的氯化银白色沉淀。在等当点前滴入硝酸银生成氯化银沉淀，两电极间电势变化缓慢，等当点时氯离子全部生成氯化银沉淀，这时滴入少量硝酸银即引起电势急剧变化，指示出滴定终点。

（2）仪器

电位测定仪或酸度仪；

银电极或氯电极；

甘汞电极；

电磁搅拌器；

滴定管（25mL）；

移液管（10mL）；

天平：分度值 0.0001g。

（3）试剂

硝酸（1+1）；

氯化钠标准溶液（0.1000mol/L）：称取约 10g 氯化钠（基准试剂），盛在称量瓶中，于 130～150℃烘干 2 小时，在干燥器内冷却后精确称取 5.8443g，用水溶解并稀释至 1L，摇匀。

硝酸银溶液（17g/L）：准确称取约 17g 硝酸银（$AgNO_3$），用水溶解，放入 1L 棕色容量瓶中稀释至刻度，摇匀，用 0.1000mol/L 氯化钠标准溶液对硝酸银溶液进行标定。

标定硝酸银溶液（17g/L）：

用移液管吸取 10mL（0.1000mol/L）的氯化钠标准溶液于烧杯中，加水稀释至 200mL，加 4mL 硝酸（1+1），在电磁搅拌下，用硝酸银溶液以电位滴定法测定终点，过等当点后，在同一溶液中再加入 0.1000mol/L 氯化钠标准溶液 10mL，继续用硝酸银溶液滴定至第二个终点，用二次微商法计算出硝酸银溶液消耗的体积 V_{01}，V_{02}。

体积 V_0 按下式计算：

$$V_0 = V_{02} - V_{01}$$

式中：V_0——10mL 0.1000mol/L 氯化钠标准溶液消耗硝酸银溶液的体积（mL）；

V_{01}——空白试验中 200mL 水，加 4mL 硝酸（1+1）加 10mL 0.1000mol/L 的氯化钠标准溶液所消耗硝酸银溶液的体积（mL）；

V_{02}——空白试验中 200mL 水，加 4mL 硝酸（1+1）加 20mL 0.1000mol/L 的氯化

钠标准溶液所消耗硝酸银溶液的体积（mL）。

硝酸银溶液的浓度按下式计算：

$$c = c' \times V' / V_0 \qquad (2-26)$$

式中：c——硝酸银溶液的浓度（mol/L）；

c'——氯化钠标准溶液的浓度（mol/L）；

V'——氯化钠标准溶液的体积（mL）；

V_0——10mL（0.1000mol/L）氯化钠标准溶液消耗硝酸银溶液的体积，mL。

（4）试验步骤

① 准确称取外加剂试样 0.5000～5.000g，放入烧杯中，加 200mL 水和 4mL 硝酸（1+1），使溶液呈酸性，搅拌至完全溶解，如不能完全溶解，可用快速定性滤纸过滤，并用蒸馏水洗涤残渣至无氯离子为止。

② 用移液管加入 10mL（0.1000mol/L）的氯化钠标准溶液，烧杯内加入电磁搅拌子，将烧杯放在电磁搅拌机上，开动搅拌器并插入银电极（或氯电极）及某汞电极，两电极与电位计或酸度计相连接，用硝酸银溶液缓慢滴定，记录电势和对应的滴定管读数。

由于接近等当点时，电势增加很快，此时要缓慢滴加硝酸银溶液，每次定量加入 0.1mL，当电势发生突变时，表示等当点已过，此时继续滴入硝酸银溶液，直至电势趋向变化平缓。得到第一个终点时硝酸银溶液消耗体积 V_1。

③ 在同一溶液中，用移液管再加入 10mL（0.1000mol/L）氯化钠标准溶液（此时溶液电势降低），继续用硝酸银溶液滴定，直至第二个等当点出现，记录电势和对应的 0.1mol/L 硝酸银溶液消耗的体积 V_2。

④ 空白试验 在干净的烧杯中加入 200mL 水和 4mL 硝酸（1+1）。用移液管加入 10mL（0.1000mol/L）氯化钠标准溶液，在不加入试样的情况下，在电磁搅拌下，缓慢滴加硝酸银溶液，记录电势和对应的滴定管读数，直至第一个终点出现。过等当点后，在同一溶液中，再用移液管加入 0.1000mol/L 氯化钠标准溶液 10mL，继续用硝酸银溶液滴定至第二个终点，用二次微商法计算出硝酸银消耗的体积 V_{01} 及 V_{02}。

（5）结果计算

用二次微商法计算结果。通过电压对体积的二次导数（即 $\Delta^2 E / \Delta V^2$）变成零的办法来求出滴定终点。假如在邻近等当点时，每次加入的硝酸银溶液是相等的，此函数（$\Delta^2 E / \Delta V^2$）必定会在正负两个符号发生变化的体积之间的某一变成零，对应这一点的体积即为终点体积，可用内插法求得。

外加剂中氯离子所消耗的硝酸银体积 V 按下式计算：

$$V = [(V_1 - V_{01}) + (V_2 - V_{02})] / 2 \qquad (2-27)$$

外加剂中氯离子百分含量按式（2-28）计算：

$$X_{Cl^-} = [(c \times V \times 35.45) / (m \times 1000)] \times 100 \qquad (2-28)$$

式中：X_{Cl^-}——外加剂中氯离子的百分含量（%）；

V——外加剂中氯离子所消耗硝酸银溶液体积（mL）；

m——外加剂样品质量（g）；

V_1——试样溶液加 10mL（0.1000mol/L）氯化钠标准溶液所消耗的硝酸银溶液体积（mL）；

V_2——试样溶液加 20mL（0.1000mol/L）氯化钠标准溶液所消耗的硝酸银溶液体积（mL）。

（6）重复性限和再现性限

重复性限为 0.05%；再现性限为 0.08%。

8. 硫酸钠含量试验方法（重量法）

氯化钡溶液与外加剂试样中的硫酸盐生成溶解度极小的硫酸钡沉淀，称量经高温灼烧后的沉淀来计算硫酸钠的含量。

（1）仪器

1）电阻高温炉（最高使用温度不低于 900℃）；

2）天平（分度值 0.0001g）；

3）电磁电热式搅拌器；

4）瓷坩埚（18~30mL）；

5）烧杯（400mL）；

6）慢速定量滤纸，快速定性滤纸；

7）长颈漏斗。

（2）试剂（试剂纯度均为分析纯度）

1）50g/L 氯化铵溶液；

2）100g/L 氯化钡溶液；

3）1g/L 硝酸银溶液；

4）盐酸（1+1）。

（3）试验步骤

1）准确称取试样约 0.5g，于 400mL 烧杯中，加入 200mL 水搅拌溶解，再加入氯化铵溶液 50mL，加热煮沸后，用快速定性滤纸过滤，用水洗涤数次后，将滤液浓缩至 200mL 左右，滴加盐酸（1+1）至浓缩滤液显示酸性，再多加 5~10 滴盐酸，煮沸后在不断搅拌下趁热滴加氯化钡溶液 10mL，继续煮沸 15min，取下烧杯，置于加热板上，保持 50~60℃静置 2~4h 或常温静置 8h。

2）用两张慢速定量滤纸过滤，烧杯中的沉淀用 70℃水洗净，使沉淀全部转移到滤纸上，用温热水洗涤沉淀至无氯根为止（用硝酸银溶液检验）。

3）将沉淀与滤纸移入预先灼烧恒重的坩埚中，小火烘干，灰化。

4）在 800℃电阻高温炉中灼烧半小时，然后在干燥器里冷却到室温（约 30min），取出称量，再将坩埚放回高温炉中，灼烧 20min，取出冷却至室温称量，如此反复直至恒重。

（4）结果计算

外加剂中硫酸钠含量按下式计算：

$$X_{Na_2SO_4} = [(m_2 - m_1) \times 0.6086/m] \times 100 \tag{2-29}$$

式中：m——试样质量（g）；

m_1——空坩埚质量（g）；

m_2——灼烧后滤渣加坩埚质量（g）；

0.6086——硫酸钡换算成硫酸钠的系数。

（5）重复性限和再现性限

重复性限为 0.50%；再现性限为 0.80%。

9. 水泥净浆流动度试验方法

在水泥净浆搅拌机中，加入一定量的水泥、外加剂和水进行搅拌。将搅拌好的净浆注入截锥圆模内，提起截锥圆模，测定水泥净浆在玻璃平面上自由流淌的最大直径。

（1）仪器

双转双速水泥净浆搅拌机；

截锥圆模：上口直径 36mm，下口直径 60mm，高度为 60mm，内壁光滑无接缝的金属制品；

玻璃板（400mm×400mm，厚 5mm）；

秒表；

钢直尺（300mm）；

刮刀；

天平（分度值 0.01g）；

天平（分度值 1g）。

（2）试验步骤

1）将玻璃板放置在水平位置，用湿布将玻璃板、截锥圆模、搅拌器及搅拌锅均匀擦过，使其表面湿而不带水渍。

2）将截锥圆模放在玻璃板的中央，并用湿布覆盖待用。

3）称取水泥 300g，倒入搅拌锅内。

4）加入推荐掺量的外加剂及 87g 或 105g 水，立即搅拌（慢速 120s，停 15s，快速 120s）。

5）将拌好的净浆迅速注入截锥圆模内，用刮刀刮平，将截锥圆模按垂直方面提起，同时开启秒表计时，任水泥净浆在玻璃板上流动，至 30s，用直尺量取流淌部分互相垂直的两个方向的最大直径，取平均值作为水泥净浆流动度。

（3）结果表达

表达净浆流动度时，需注明用水量，所用水泥的标号、名称、型号及生产厂和外加剂掺量。

（4）重复性限和再现性限

重复性限为 5mm；再现性限为 10mm。

10. 水泥胶砂减水率试验方法

先测定基准胶砂流动度的用水量，再测定掺外加剂胶砂流动度的用水量，经计算得出水泥胶砂减水率。

（1）仪器

胶砂搅拌机；

跳桌、截锥圆模及模套、圆柱捣棒、卡尺均应符合《水泥胶砂流动度测定方法》GB 2419—2005 的规定；

抹刀；

天平（分度值 0.01g）；

天平（分度值 1g）。

（2）材料

水泥；

水泥强度检测用 ISO 标准砂；

外加剂。

（3）试验步骤

1）先使搅拌机处于待工作状态，把水加入锅里，再加入水泥 450g，把锅放在固定架上，上升至固定位置，立即开动机器，低速搅拌 30s 后，在第二个 30s 开始的同时均匀地将砂子加入，机器转到高速再搅拌 30s。停拌 90s，在第一个 15s 内用一抹刀将叶片和锅壁上的胶砂刮入锅中，在高速下继续搅拌 60s，各个阶段搅拌时间误差应在±1s 以内。

2）在拌和胶砂的同时，用湿布抹擦跳桌的玻璃台面，捣棒、截锥圆模及模套内壁，并把它们置于玻璃台面中心，盖上湿布，备用。

3）将拌好的胶砂迅速地分两次装入模内，第一次装至截锥圆模的三分之二处，并用抹刀在相互垂直的两个方向各划 5 次，并用捣棒自边缘向中心均匀捣 15 次，接着装第二层胶砂，装至高出截锥圆模约 2cm，用抹刀划 10 次，同样用捣棒捣 10 次，在装胶砂与捣实时，用手将截锥圆模按住，不要使其产生移动。

4）捣好后取下模套，用抹刀将高出截锥圆模的砂浆刮去并抹平，随即将截锥圆模垂直向上提起置于台上，立即开动跳桌，以每秒一次的频率使跳桌连续跳动 25 次。

5）跳动完毕用卡尺量出胶砂底部流动直径，取互相垂直的两个直径的平均值为该用水量时的胶砂流动度，用 mm 表示。

6）重复上述步骤，直至流动度达到 180±5mm。当胶砂流动度为 180±5mm 时的用水量即为基准胶砂流动度的用水量 M_0。

7）将水和外加剂加入锅里搅拌均匀，按 1）的操作步骤测出掺外加剂胶砂流动度达180±5mm 时的用水量 M_1。

（4）结果表达

1）胶砂减水率（％）按下式计算：

$$胶砂减水率 = [(M_0 - M_1)/M_0] \times 100 \tag{2-30}$$

式中：M_0——基准胶砂流动度为 180±5mm 时的用水量（g）；

M_1——掺外加剂的胶砂流动度为 180±5mm 时的用水量（g）。

2）注明所用水泥的标号、名称、型号及生产厂。

（5）重复性限和再现性限

重复性限为 1.0％；再现性限为 1.5％。

11. 碱含量（火焰光度法）

（1）方法提要

试样用约 80℃ 的热水溶解，以氨水分离铁、铝；以碳酸钙分离钙、镁。滤液中的碱（钾和钠），采用相应的滤光片，用火焰光度计进行测定。

（2）试剂与仪器

盐酸（1+1）；

氨水（1+1）；

52

碳酸铵溶液（100g/L）；

氧化钾、氧化钠标准溶液：精确称取已在 130～150℃烘过 2h 的氯化钾［KC1（光谱纯）］0.7920g 及氯化钠［NaCl（光谱纯）］0.9430g，置于烧杯中，加水溶解后，移入 1000mL 容量瓶中，用水稀释至标线，摇匀，转移至干燥的带盖的塑料瓶中。此标准溶液每毫升相当于氧化钾及氧化钠 0.5mg；

甲基红指示剂（2g/L 乙醇溶液）；

火焰光度计；

天平：分度值 0.0001g。

（3）试验步骤

① 工作曲线的绘制

分别向 100mL 的容量瓶中注入 0.00mL；1.00mL；2.00mL；4.00mL；8.00mL；12.00mL 的氧化钾、氧化钠标准溶液（分别相当于氧化钾、氧化钠各 0.00mg；0.50mg；1.00mg；2.00mg；4.00mg；6.00mg），用水稀释至标线，摇匀，分别于火焰光度计上按仪器使用规程进行测定，根据测得的检流计读数与溶液的浓度关系，分别绘制氧化钾及氧化钠的工作曲线。

② 准确称取一定量的试样置于 150mL 的瓷蒸发皿中，用 80℃左右的热水润湿并稀释至 30mL，置于电热板上加热蒸发，保持微沸 5min 后取下，冷却加 1 滴甲基红指示剂，滴加氨水（1+1），使溶液呈黄色，加入 10mL 碳酸铵溶液，搅拌，置于电热板上加热并保持微沸 10min，用中速滤纸过滤，以热水洗涤，滤液及洗液盛于容量瓶中，冷却至室温，以盐酸（1+1）中和至溶液呈红色，然后用水稀释至标线，摇匀，以火焰光度计按仪器使用规程进行测定。称样量及稀释倍数见表 2-12。

称样量及稀释倍数   表 2-12

总碱量（%）	称样量（g）	稀释体积（mL）	稀释倍数 n
1.00	0.20	100	1
1.00～5.00	0.10	250	2.5
5.00～10.00	0.05	250 或 500	2.5 或 5.0
大于 10.00	0.05	500 或 1000	5.0 或 10.0

（4）同时进行空白试验

（5）结果表示

氧化钾与氧化钠含量计量

氧化钾含量（X_{K_2O}）计算：

$$X_{K_2O} = [(c_1 \times n)/(m \times 1000)] \times 100 \tag{2-31}$$

式中：X_{K_2O}——外加剂中氧化钾的含量（%）；

　　　c_1——在工作曲线上查得每 100mL 被测定液中氧化钾的含量（mg）；

　　　n——被测溶液的稀释倍数；

　　　m——试样质量（g）。

氧化钠含量（X_{Na_2O}）计算：

$$X_{Na_2O} = [(c_2 \times n)/(m \times 1000)] \times 100$$

式中：X_{Na_2O}——外加剂中氧化钠的含量（%）；

c_2——在工作曲线上查得每 100mL 被测定液中氧化钠的含量（mg）；

$X_{总碱量}$按试计算

$$X_{总碱量} = 0.658 \times X_{K_2O} + X_{Na_2O}$$

式中：$X_{总碱量}$——外加剂中总碱量（%）。

（6）重复性限和再现性限（如表 2-13）

重复性限和再现性限 表 2-13

总碱量（%）	重复性限（%）	再现性限（%）
1.00	0.10	0.15
1.00～5.00	0.20	0.30
5.00～10.00	0.30	0.50
大于 10.00	0.50	0.80

2.4.2 混凝土外加剂性能试验方法（受检混凝土指标）

1. 检测依据：《混凝土外加剂》GB 8076—2008

2. 试验用原材料

（1）水泥

试验所用水泥为基准水泥，基准水泥必须由经中国建材联合会混凝土外加剂分会与有关单位共同确认具备生产条件的工厂供给，是由符合下列品质指标的硅酸盐水泥熟料与二水石膏共同粉磨而成的 42.5 强度等级的 P·I 型硅酸盐水泥。基准水泥品质指标：满足 42.5 强度等级硅酸盐水泥技术要求；熟料中铝酸三钙（C_3A）含量 6%～8%；熟料中硅酸三钙（C_3S）含量 55%～60%；熟料中游离氧化钙（f-CaO）不得超过 1.2%；水泥中碱（$Na_2O+0.658K_2O$）含量不得超过 1.0%；水泥比表面积（350±10）m^2/kg。

（2）砂

符合《建设用砂》GB/T 14684—2011 中 II 区要求的中砂，但细度模数为 2.6～2.9，含泥量小于 1%。

（3）石子

符合《建设用卵石、碎石》GB/T 14685—2011 要求的公称粒径为 5～20mm 的碎石或卵石，采用二级配，其中 5～10mm 占 40%，10～20mm 占 60%，满足连续级配要求，针片状物质含量小于 10%，空隙率小于 47%，含泥量小于 0.5%。如有争议，以碎石结果为准。

（4）水

符合《混凝土用水标准》JGJ 63—2006 混凝土拌和用水的技术要求。

（5）外加剂

需要检测的外加剂。

3. 配合比

基准混凝土配合比按《普通混凝土配合比设计规程》JGJ 55—2011 进行设计。掺非引气型外加剂的受检混凝土和其对应的基准混凝土的水泥、砂、石的比例相同。配合比设计应符合以下规定：

（1）水泥用量

掺高性能减水剂或泵送剂的基准混凝土和受检混凝土的单位水泥用量为 360kg/m³；掺其他外加剂的基准混凝土和受检混凝土单位水泥用量为 330kg/m³。

（2）砂率

掺高性能减水剂或泵送剂的基准混凝土和受检混凝土的砂率均为 43%～47%；掺其他外加剂的基准混凝土和掺外加剂混凝土的砂率均为 36%～40%，但掺引气减水剂或引气剂的混凝土砂率应比基准混凝土低 1%～3%。

（3）外加剂掺量

按生产厂家指定掺量；

（4）用水量

掺高性能减水剂或泵送剂的基准混凝土和受检混凝土的坍落度控制在（210±10）mm，用水量为坍落度在（210±10）mm 时的最小用水量；掺其他外加剂的基准混凝土和受检混凝土的坍落度控制在（80±10）mm。用水量包括液体外加剂、砂、石材料中所含的水量。

4. 混凝土搅拌

采用符合《混凝土试验用搅拌机》JG 244—2009 要求的公称容量为 60L 的单卧轴式强制搅拌机。搅拌机的拌合量应不少于 20L，不宜大于 45L。

外加剂为粉状时，将水泥、砂、石、外加剂一次投入搅拌机，干拌均匀，再加入拌合水，一起搅拌 2min。外加剂为液体时，将水泥、砂、石一次投入搅拌机，干拌均匀，再加入掺有外加剂的拌合水一起搅拌 2min。

出料后，在铁板上用人工翻拌至均匀，再行试验。各种混凝土试验材料及环境温度均应保持在（20±3）℃。

5. 坍落度和坍落度 1h 经时变化量测定

每批混凝土取一个试样。坍落度和坍落度 1 小时经时变化量均以三次试验结果的平均值表示。三次试验的最大值和最小值与中间值之差有一个超过 10mm 时，将最大值和最小值一并舍去，取中间值作为该批的试验结果；最大值和最小值与中间值之差均超过 10mm 时，则应重做。

坍落度及坍落度 1 小时经时变化量测定值以 mm 表示，结果表达修约到 5mm。

（1）坍落度测定

混凝土坍落度按照《普通混凝土拌合物性能试验方法标准》GB/T 50080—2002 测定；但坍落度为（210±10）mm 的混凝土，分两层装料，每层装入高度为筒高的一半，每层用插捣棒插捣 15 次。

（2）坍落度 1h 经时变化量测定

当要求测定此项时，应将按照前面所述搅拌的混凝土留下足够一次混凝土坍落度的试验数量，并装入用湿布擦过的试样筒内，容器加盖，静置至 1h（从加水搅拌时开始计算），然后倒出，在铁板上用铁锹翻拌至均匀后，再按照坍落度测定方法测定坍落度。计算出机时和 1h 之后的坍落度之差值，即得到坍落度的经时变化量。

坍落度 1h 经时变化量按下式计算：

$$\Delta Sl = Sl_0 - Sl_{1h}$$

式中：ΔSl——坍落度经时变化量，单位为毫米（mm）；

　　　　Sl_0——出机时测得的坍落度，单位为毫米（mm）；

　　　　Sl_{1h}——1h后测得的坍落度，单位为毫米（mm）。

6. 减水率测定

（1）定义

减水率：在坍落度基本相同时，基准混凝土和受检混凝土单位用水量之差与基准混凝土单位用水量之比。

（2）仪器设备

混凝土搅拌机；

坍落度筒、捣棒、钢直尺、磅秤；

（3）结果评定

试验结果按下式计算

$$W_R = \frac{W_0 - W_1}{W_0} \times 100 \tag{2-32}$$

式中：W_R——减水率（%）；

　　　　W_0——基准混凝土单位用水量（kg/m³）；

　　　　W_1——掺外加剂混凝土单位用水量（kg/m³）。

W_R以三批试验的算术平均值计，精确到1%。若三批试验的最大值或最小值中有一个与中间值之差超过中间值的15%时，则把最大值与最小值一并舍去，取中间值作为该组试验的减水率。若有两个测值与中间值之差均超过15%时，则该批试验结果无效，应该重做。

7. 泌水率比测定

（1）定义

泌水率：单位质量混凝土泌出水量与其用水量之比。泌水率比，受检混凝土与基准混凝土的泌水率之比。

（2）仪器设备

混凝土搅拌机；坍落度筒、捣棒、钢直尺、磅秤、带塞的量筒、吸液管、5L的带盖筒；

（3）试验方法

泌水率的测定：先用湿布润湿容积为5L的带盖筒（内径为185mm，高200mm），将混凝土拌合物一次装入，在振动台上振动20s，然后用抹刀轻轻抹平，加盖以防止水分蒸发。试样表面比筒口边低约20mm。自抹面开始计算时间，在前60min，每隔10min用吸液管吸出泌水一次，以后每隔20min吸水一次，直至连续三次无泌水为止。每次吸水前5min，应将筒底一侧垫高约20mm，使筒倾斜。吸水后，将筒轻轻放平盖好。将每次吸出的水都注入带塞的量筒，最后计算出总的泌水量，准确至1g。

泌水率按下式和下式计算：

$$B = \frac{V_W \times G}{W \times G_W} \times 100 \tag{2-33}$$

$$G_W = G_1 - G_0 \tag{2-34}$$

式中：B——泌水率（%）；

    V_W——泌水总质量（g）；

    W——混凝土拌合物的用水量（g）；

    G——混凝土拌合物的总质量（g）；

    G_W——试样质量（g）；

    G_1——筒及试样质量（g）；

    G_0——筒质量（g）。

试验时，从每批混凝土拌合物取一个试样，泌水率取三个试样的算术平均值，精确到0.1%。若三个试样的最大值或最小值中有一个与中间值之差大于中间值的15%时，则把最大值与最小值一并舍去，取中间值作为该组试验的泌水率。如果最大与最小值与中间值之差均大于中间值的15%时，则应重做。

（4）泌水率比计算

泌水率比按下式计算，精确到1%。

$$R_B = \frac{B_t}{B_c} \times 100 \tag{2-35}$$

式中：R_B——泌水率之比（%）；

    B_t——掺外加剂混凝土泌水率（%）；

    B_c——基准混凝土泌水率（%）。

8. 含气量和含气量 1h 经时变化量的测定

试验时，从每批混凝土拌合物取一个试样，含气量以三个试样测值的算术平均值来表示。若三个试样中的最大值或最小值中有一个与中间值之差超过 0.5% 时，将最大值与最小值一并舍去，取中间值作为该批的试验结果；如果最大值与最小值与中间值之差均超过0.5%，则应重做。含气量和 1h 经时变化量测定值精确到 0.1%。

（1）含气量测定

按《普通混凝土拌合物性能试验方法标准》GB/T 50080—2002 用气水混合式含气量测定仪，并按仪器说明进行操作，但混凝土拌合物应一次装满并稍高于容器，用振动台振实 15～20s。

（2）含气量 1h 经时变化量测定

当要求测定此项时，将按照上述搅拌的混凝土留下足够一次含气量试验的数量，并装入用湿布擦过的试样筒内，容器加盖，静置至 1h（从加水搅拌时开始计算），然后倒出，在铁板上用铁锹翻拌均匀后，再按照含气量测定方法测定含气量。计算出机时和 1h 之后的含气量之差值，即得到含气量的经时变化量。

含气量 1h 经时变化量按下式计算：

$$\Delta A = A_0 - A_{1h} \tag{2-36}$$

式中：ΔA——含气量经时变化量（%）；

    A_0——出机后测得的含气量（%）；

    A_{1h}——1h 后测得的含气量（%）。

（3）注意事项

装满混凝土的容器振动时间一定要严格控制，振动时间的长短，对含气量的影响很大，振动时间过长，会导致混凝土含气量值偏小；反之则偏大。

9. 凝结时间差测定

（1）定义

凝结时间，混凝土由塑性状态过渡到硬化状态所需时间；初凝时间，混凝土从加水开始到贯入阻力值达 3.5MPa 所需的时间；终凝时间，混凝土从加水开始到贯入阻力值达 28MPa 所需的时间；凝结时间差，受检混凝土与基准混凝土凝结时间的差值。

（2）仪器设备

混凝土搅拌机；

混凝土贯入阻力仪，精度为 10N；

坍落度筒、捣棒、钢直尺、5mm 圆孔筛。

（3）试验方法

将混凝土拌合物用 5mm（圆孔筛）振动筛筛出砂浆，拌匀后装入上口内径为 160mm，下口内径为 150mm，净高 150mm 的刚性不渗水的金属圆筒，试样表面应低于筒口 10mm，用振动台振实（约 3～5s）置于（20±2）℃的环境中，容器加盖。一般基准混凝土在成型后 3～4h，掺早强剂的在成型后 1～2h，掺缓凝剂的在成型后 4～6h 开始测定，以后每 0.5h 或 1h 测定一次，但在临近初、终凝时，可以缩短测定间隔时间。每次测点应避开前一次测孔，其净距为试针直径的 2 倍，但至少不小于 15mm，试针与容器边缘之距离不小于 25mm。测定初凝时间用截面积 100mm² 的试针，测定终凝时间用截面积 20mm² 的试针。

测试时，将砂浆试样筒置于贯入阻力仪上，测针端部与砂浆表面接触，然后在（10±2）s 内均匀地使测针贯入砂浆（25±2）mm 深度。记录贯入阻力，精确至 10N，记录测量时间，精确至 1min。贯入阻力按下式计算

$$R = \frac{P}{A} \tag{2-37}$$

式中：R——贯入阻力（MPa）；

P——贯入深度达 25mm 时所需的净压力（N）；

A——贯入阻力仪试针的截面积（mm²）。

根据计算结果，以贯入阻力值为纵坐标，测试时间为横坐标，绘制贯入阻力值与时间关系曲线，求出贯入阻力值达 3.5MPa 时对应的时间作为初凝时间及阻力值达 28MPa 时对应的时间作为终凝时间。凝结时间从水泥与水接触时开始计算。

凝结时间差按下式计算

$$\Delta T = T_t - T_c \tag{2-38}$$

式中：ΔT——凝结时间之差（min）；

T_t——掺外加剂混凝土的初凝或终凝时间（min）；

T_c——基准混凝土的初凝或终凝时间（min）。

试验时，每批混凝土拌合物取一个试样，凝结时间取三个试样的平均值。若三批试验的最大值或最小值中有一个与中间值之差超过 30min 时，将最大值与最小值一并舍去，取中间值作为该批的凝结时间。若两测值与中间值之差均超过 30min 时，该批试验结果无效，则应重做。凝结时间以 min 表示，并修约到 5min。

（4）注意事项

环境温度对凝结时间的影响尤为突出，因此混凝土的养护温度一定要控制在（20±2）℃之内；测点间的距离对贯入阻力也有很大影响，测点距离过小，往往贯入阻力会偏小。

10. 抗压强度比试验

（1）定义

抗压强度比以掺外加剂混凝土与基准混凝土同龄期抗压强度之比表示，按下式计算，精确到1%。

$$R_f = \frac{f_t}{f_c} \times 100 \tag{2-39}$$

式中：R_f——抗压强度比（%）；

f_t——掺外加剂混凝土的抗压强度（MPa）；

f_c——基准混凝土抗压强度（MPa）。

（2）仪器设备

混凝土搅拌机；

压力试验机；

坍落度筒、捣棒、钢直尺、试模。

（3）试验及结果

掺外加剂与基准混凝土的抗压强度按《普通混凝土拌合物性能试验方法标准》GB/T 50080—2002进行试验和计算，试件制作时，用振动台振动15～20s。试件预养温度为（20±3）℃，试验结果以三批试验测值的平均值表示，若三批试验中有一批的最大值或最小值与中间值的差值超过中间值的15%，则把最大值与最小值一并舍去，取中间值作为该批的试验结果。如果两批测值与中间值的差值均超过中间值的15%，则试验结果无效，应该重做。

11. 收缩率比试验

（1）定义

受检混凝土与基准混凝土同龄期收缩率之比，按下式计算，计算结果精确至1%。

$$R_\varepsilon = \frac{\varepsilon_t}{\varepsilon_c} \times 100 \tag{2-40}$$

式中：R_ε——收缩率比（%）；

ε_t——掺外加剂混凝土的收缩率（%）；

ε_c——基准混凝土的收缩率（%）。

（2）仪器设备

混凝土搅拌机；

混凝土收缩仪、坍落度筒、捣棒、钢直尺、试模 100mm×100mm×515mm。

（3）试验方法

测定混凝土收缩时以100mm×100mm×515mm的棱柱体试件作为标准试件，适用于骨料最大粒径不超过30mm的混凝土。试件用振动台成型，振动15～20s。试件带模养护1～2d，具体视混凝土实际强度而定。拆模后应立即送至温度为（20±2）℃，相对湿度为

95%以上的标准养护室养护。混凝土收缩率按下式计算：

$$\varepsilon_{st} = \frac{L_0 - L_t}{L_b}$$
(2-41)

式中：ε_{st}——试验期为 t 天的混凝土收缩值，t 从测定初始长度时算起；

L_b——试件的测量标距，等于两测头内侧的距离（mm）；

L_0——试件长度的初始读数（mm）；

L_t——试件在试验期为 t 时测得的长度读数 mm。

每批混凝土拌合物取一个试样，以三个试样收缩率的算术平均值表示，计算结果精确至 1.0×10^{-6}。

（4）注意事项

每次测定混凝土收缩率时，混凝土试件摆放的方向一定要一致，以及百分表的初始读数一定要相同；恒温恒湿室的温度为（20±2）℃，相对湿度为（60±5）%。

12. 相对耐久性试验

按《普通混凝土长期性能和耐久性能试验方法标准》GB/T 50082—2009 进行，试件采用振动台成型，振动 15~20s，标准养护 28d 后进行冻融循环试验。

相对耐久性指标是以掺外加剂混凝土冻融 200 次后的动弹性模量是否不小于 80% 来评定外加剂的质量。每批混凝土拌合物取一个试样，相对动弹性模量已有三个试件测值的算术平均值表示。

2.4.3 检验规则

1. 批号及取样

掺量大于 1%（含 1%）同品种的外加剂每一批号为 100t，掺量小于 1% 的同品种的外加剂每一批号为 50t，不足 100t 或 50t 的也按一个批量计，同一批号的产品必须混合均匀。

每一批号取样量不少于 0.2 吨水泥所需用的外加剂量。

2. 出厂检验（表 2-14）

出厂检验 表 2-14

测定项目	外加剂品种												备注
	高性能减水剂			高效减水剂		普通减水剂			引气减水剂	泵送剂	早强剂	缓凝剂	引气剂	
	早强型	标准型	缓凝型	标准型	缓凝型	早强型	标准型	缓凝型						
含固量														液体外加剂必测
含水率														粉状外加剂必测
密度														液体外加剂必测
细度														粉状外加剂必测
pH 值	√	√	√	√	√	√	√	√	√	√	√	√	√	
氯离子														每三个月至少一次
硫酸钠														每三个月至少一次
总碱量	√	√	√	√	√	√	√	√	√		√	√	√	每年至少一次

2.4.4 膨胀剂

检测依据:《混凝土膨胀剂》GB 23439—2009

本章节适用于硫铝酸钙类、氧化钙类与硫铝酸钙-氧化钙类粉状混凝土膨胀剂。

1. 术语和定义

下列术语和定义适用于混凝土膨胀剂。

(1) 混凝土膨胀剂

指与水泥、水拌和后经水化反应生成钙矾石,或氢氧化钙,或钙矾石和氢氧化钙,使混凝土产生体积膨胀的外加剂。

(2) 硫铝酸钙类混凝土膨胀剂

指与水泥、水拌合后经水化反应生成钙矾石的混凝土膨胀剂。

(3) 氧化钙类混凝土膨胀剂

指与水泥、水拌合后经水化反应生成氢氧化钙的混凝土膨胀剂。

(4) 硫铝酸钙-氧化钙类混凝土膨胀剂

指与水泥、水拌合后经水化反应生成钙矾石和氢氧化钙的混凝土膨胀剂。

2. 分类

(1) 分类

① 混凝土膨胀剂按水化产物分为:硫铝酸钙类混凝土膨胀剂(代号 A)、氧化钙类混凝土膨胀剂(代号 C)和硫铝酸钙-氧化钙类混凝土膨胀剂(代号 AC)三类。

② 混凝土膨胀剂按限制膨胀率分为Ⅰ型和Ⅱ型。

(2) 标识

本章节涉及的所有混凝土膨胀剂产品名称标注为 EA,按下列顺序进行标记:产品名称、代号、型号、标准号

示例:

Ⅰ型硫铝酸钙类混凝土膨胀剂的标记:EA A Ⅰ GB 23439—2009。

Ⅱ型氧化钙类混凝土膨胀剂的标记:EA C Ⅱ GB 23439—2009。

Ⅱ型硫铝酸钙-氧化钙类混凝土膨胀剂的标记:EA AC Ⅱ GB 23439—2009。

(3) 要求

1) 化学成分

① 氧化镁

混凝土膨胀剂中的氧化镁含量应不大于 5%。

对膨胀剂中氧化镁含量的限制是基于水泥混凝土安定性考虑。由于配制膨胀剂的膨胀熟料多是经过高温煅烧而得,引入的氧化镁主要是死烧的游离氧化镁,游离氧化镁的水化反应活性较低,膨胀发生的时间很慢,在混凝土体积稳定后的延迟膨胀会引起混凝土的开裂,因此必须限定游离氧化镁的含量。

② 碱含量(选择性指标)

混凝土膨胀剂中的碱含量以 $Na_2O + 0.658K_2O$ 计算值表示。从混凝土膨胀剂的技术发展来看,膨胀剂经历了从高碱高掺到低碱低掺的转变,目前市场上流通的膨胀剂大多是低碱型膨胀剂。若使用非活性骨料,不存在碱-集料反应的潜在威胁,膨胀剂碱含量可由供

需双方协商确定。但若配制混凝土的骨料为活性骨料，基于混凝土长期耐久性考虑，为防止碱集料反应的发生，必须对膨胀剂中的碱含量加以限定，一般情况下限定混凝土膨胀剂中的碱含量不大于0.75%。总之，对混凝土膨胀剂中氧化镁含量和碱含量的限定，都是基于掺入膨胀剂的混凝土长期耐久性考虑的。

2）物理性能指标

混凝土膨胀剂的物理性能指标应符合表2-15的规定。

混凝土膨胀剂性能指标   表 2-15

项　目		指标值	
		Ⅰ型	Ⅱ型
细度	比表面积（m²/kg）≥	200	
	1.18mm 筛筛余（%）≤	0.5	
凝结时间	初凝（min）≥	45	
	终凝（min）≤	600	
限制膨胀率（%）	水中 7d ≥	0.025	0.050
	空气中 21d ≥	−0.020	−0.010
抗压强度（MPa）	7d ≥	20.0	
	28d ≥	40.0	

注：表2-15中的限制膨胀率为强制性的，其余为推荐性的。

膨胀剂的细度和颗粒级配对膨胀性能有很大影响。以硫铝酸盐类膨胀剂为例，膨胀剂中含铝膨胀熟料和石膏的细度及颗粒级配直接影响钙矾石的形成速度和单位时间内形成数量。如果膨胀剂颗粒太细，与水反应时接触表面积大，早期水化程度高，水化很可能主要集中在尚未硬化的塑性阶段，大部分膨胀能消耗在水泥塑性阶段，大幅度减少有效膨胀；反之，如果膨胀剂颗粒太粗，一方面会降低膨胀剂的水化反应速率，将膨胀延续到强度充分发挥的后期，可能导致延迟性膨胀破坏，此外，粗大的颗粒会在局部形成膨胀聚集，同样对混凝土的体积稳定性产生不利影响。因此，在满足表中细度和比表面积要求基础上，同时应重视膨胀剂中超细粉颗粒和超粗颗粒含量。

限制膨胀率是衡量混凝土膨胀剂膨胀性能优劣的关键性参数，具体要求控制2个参数大小：①20℃水中养护7d时的水养膨胀率，②20℃水养7d后再放入温度为20℃、相对湿度为（60±5）%干燥环境中21d的膨胀率。按照限制膨胀率的大小将混凝土膨胀剂分成Ⅰ型和Ⅱ型，只有同时满足水中7d限制膨胀率和空气中21d限制膨胀率才能评定为相应型号的膨胀剂。若水中7d限制膨胀率大于0.050%，但空气中21d限制膨胀率没有达到−0.010%但大于−0.020%时，该膨胀剂只能称为Ⅰ型混凝土膨胀剂。需要指出的是，在特殊条件下使用大膨胀的Ⅱ型混凝土膨胀剂时，为防止膨胀过大对混凝土强度和体积稳定性的影响，应事先进行必要的试验研究。

3. 试验方法

（1）化学成分

氧化镁、碱含量按《水泥化学分析方法》GB/T 176—2008 进行。

游离氧化镁结晶比较完整，水化反应速度很慢，超过一定含量会引起水泥混凝土的安定性不良。因此，标准限定氧化镁含量≤5%。需指出的是，目前市场上的氧化镁类复合膨胀剂，该类膨胀剂中的氧化镁是轻烧氧化镁，水化反应活性高，膨胀发生时间和膨胀率大小可调可控，一般不会对水泥混凝土的后期安定性产生影响，且可有效补偿大体积混凝土的温度收缩，特别适用于大体积混凝土、绝干条件下混凝土的体积稳定。采用 GB/T 176—2008 方法可测得膨胀剂中总的氧化镁含量，但不能区分活性氧化镁和死烧（游离态）氧化镁的含量，对于氧化镁类复合膨胀剂，测得的氧化镁含量可能远远超标，往往导致误判。因此，在检测前应确认膨胀剂的种类，对于氧化镁类膨胀剂，不适于用 GB/T 176—2008 检测游离氧化镁含量。

（2）物理性能

1）试验用原材料

① 水泥

采用《混凝土外加剂》GB/T 8076—2008 规定的基准水泥。因故得不到基准水泥时，允许采用由熟料与二水石膏共同粉磨而成的强度等级为 42.5MPa 的硅酸盐水泥，且熟料中 C_3A 含量 6%～8%，C_3S 含量 55%～60%，游离氧化钙含量不超过 1.2%，碱（$Na_2O+0.658K_2O$）含量不超过 0.7%，水泥的比表面积（350±10）m^2/kg。

② 标准砂

符合《水泥胶砂强度检验方法（ISO 法）》GB/T 17671—1999 要求。

③ 水

符合《混凝土用水标准》JGJ 63—2006 要求。

2）细度

细度测试可采用比表面积和筛余两种方法。比表面积测定按《水泥比表面积测定方法 勃氏法》GB/T 8074—2008 的规定进行。1.18mm 筛筛余采用《试验筛 技术要求和检验 第 1 部分：金属丝编织网试验筛》GB/T 6003.1—2012 规定的金属筛，参照《水泥细度检验方法筛析法》GB/T 1345—2005 中手工干法筛进行。

3）凝结时间

按《水泥标准稠度用水量、凝结时间、安定性检验方法》GB/T 1346—2011 进行，膨胀剂内掺 10%。

4. 限制膨胀率

（1）限制膨胀率试验方法

1）仪器及设备

搅拌机、振动台、试模、下料漏斗、测量仪和纵向限制器。测量仪由千分表、支架和标准杆组成，千分表的分辨率为 0.001mm。纵向限制器由纵向钢丝与钢板焊接制成，钢丝采用《冷拉碳素弹簧钢丝》GB/T 4357—2009 规定的 D 级弹簧钢丝，铜焊处拉脱强度不低于 785MPa。纵向限制器不应变形，生产检验使用次数不应超过 5 次，仲裁检验不应超过 1 次。

2）试验室温度、湿度

试验室、养护箱、养护水的温度、湿度应符合 GB/T 17671—1999 的规定。

恒温恒湿（箱）室温度为（20±2）℃，湿度为（60±5）％。

每日应检查、记录温度、湿度变化情况。

3）试体制备

① 试验材料

见本节（1）。

② 水泥胶砂配合比

每成型 3 条试体需称量的材料和用量如表 2-16。

限制膨胀率材料用量表
表 2-16

材　料	代　号	材料质量
水泥（g）	C	607.5±2.0
膨胀剂（g）	E	67.5±0.2
标准砂（g）	S	1350.0±5.0
拌和水（g）	W	270.0±1.0

注：$\frac{E}{C+E}=0.10$；$\frac{S}{C+E}=2.00$；$\frac{W}{C+E}=0.40$

③ 水泥胶砂搅拌、试件成型

按 GB/T 17671—1999 规定进行。同一条件有 3 条试体供测长用，试体全长 158mm，其中胶砂部分尺寸为 40mm×40mm×140mm。

④ 试体脱模

脱模时间以表 2-16 规定配比试体的抗压强度达到（10±2）MPa 时的时间确定。

4）试体测长

测量前 3h，将测量仪、标准杆放在标准试验室内，用标准杆校正测量仪并调整千分表零点。测量前，将试体及测量仪测头擦净。每次测量时，试体记有标志的一面与测量仪的相对位置必须一致，纵向限制器测头与测量仪测头应正确接触，读数应精确至0.001mm。不同龄期的试体应在规定时间±1h 内测量。

试体脱模后在 1h 内测量试体的初始长度。

测量完初始长度的试体立即放入水中养护，测量第 7d 的长度。然后放入恒温恒湿（箱）室养护，测量第 21d 的长度。也可根据需要测量不同龄期的长度，观察膨胀收缩变化趋势。

养护时，应注意不损伤试体测头。试体之间应保持 15mm 以上间隔，试体支点距限制钢板两端约 30mm。

5）结果计算

各龄期限制膨胀率按下式计算：

$$\varepsilon = \frac{L_1 - L}{L_0} \times 100 \tag{2-42}$$

式中：ε——所测龄期的限制膨胀率（％）；

　　L_1——所测龄期的试体长度测量值（mm）；

　　L——试体的初始长度测量值（mm）；

　　L_0——试体的基准长度，140mm。

取相近的 2 个试件测定值的平均值作为限制膨胀率的测量结果，计算值精确至 0.001％。

（2）掺膨胀剂的混凝土限制膨胀和收缩试验方法

本试验适用于测定掺膨胀剂混凝土的限制膨胀率及限制干缩率。本试验又称掺混凝土膨胀剂的混凝土单向限制膨胀性能试验方法。

1）仪器及设备

测量仪和纵向限制器。

测量仪由千分表、支架和标准杆组成，千分表分辨率为 0.001mm。

纵向限制器由纵向限制钢筋与钢板焊接制成，纵向限制钢筋采用《钢筋混凝土用钢 第 2 部分：热轧带肋钢筋》GB 1499.2—2007 中规定的钢筋，直径 10mm，横截面面积 78.54mm²，钢筋两侧焊 12mm 厚的钢板，材质符合《碳素结构钢》GB/T 700—2006 技术要求，钢筋两端点各 7.5mm 范围内为黄铜或不锈钢，测头呈球面状，半径为 3mm。钢板与钢筋焊接处的焊接强度，不应低于 260MPa。纵向限制器不应变形，一般检验可重复使用 3 次。该纵向限制器的配筋率为 0.79％。

2）试验室温度

用于混凝土试体成型和测量的试验室的温度为（20±2）℃。

用于养护混凝土试体的恒温水槽的温度为（20±2）℃。恒温恒湿室温度为（20±2）℃，湿度为（60±5）％。

每日应检查、记录温度变化情况。

3）试体制作

用于成型试体的模型宽度和高度均为 100mm，长度大于 360mm。

同一条件有 3 条试体供测长用，试体全长 355mm，其中混凝土部分尺寸为 100mm×100mm×300mm。

首先把纵向限制器具放入试模中，然后将混凝土 1 次装入试模，把试模放在振动台上振动至表面呈现水泥浆，不泛气泡为止，刮去多余的混凝土并抹平；然后把试件置于温度为（20±2）℃的标准养护室内养护，试件表面用塑料布或湿布覆盖，防止水分蒸发。

当混凝土抗压强度达到（3～5）MPa 时拆模（一般为成型后 12～16h）。

4）试体测长和养护

测量前 3h，将测量仪、标准杆放在标准试验室内，用标准杆校正测量仪并调整千分表零点。测量前，将试体及测量仪测头擦净。每次测量时，试体记有标志的一面与测量仪的相对位置必须一致，纵向限制器测头与测量仪测头应正确接触，读数应精确至 0.001mm。不同龄期的试体应在规定时间±1h 内测量。

试体脱模后在 1h 内测量试体的初始长度。测量完初始长度的试体立即放入恒温水槽中养护，在规定龄期进行测长。测长的龄期从成型日算起，一般测量 3d、7d 和 14d 的长度变化。14d 后，将试体移入恒温恒湿室中养护，分别测量空气中 28d、42d 的长度变化。也可根据需要安排测量龄期。

试体养护时，应注意不损伤试体测头。试体之间应保持 25mm 以上间隔，试体支点距限制钢板两端约 70mm。

5）结果计算

长度变化率按下式计算：

$$\varepsilon = \frac{L_1 - L}{L_0} \times 100 \tag{2-43}$$

式中：ε——所测龄期的限制膨胀率（%）；

L_1——所测龄期的试体长度测量值，单位为毫米（mm）；

L——试体的初始长度测量值，单位为毫米（mm）；

L_0——试体的基准长度，300mm。

取相近的 2 个试件测定值的平均值作为限制膨胀率的测量结果，计算值精确至 0.001%。

导入混凝土中的膨胀或收缩应力按下式计算：

$$\sigma = \mu \cdot E \cdot \varepsilon \tag{2-44}$$

式中：σ——膨胀或收缩应力，单位为兆帕（MPa）；

μ——配筋率（%）；

E——限制钢筋的弹性模量，取 2.0×10^5 MPa；

ε——所测龄期的长度变化率（%）。

计算值精确至 0.01MPa。

（3）混凝土膨胀剂和掺膨胀剂的混凝土膨胀性能快速试验方法

本试验方法适用于定性判别混凝土膨胀剂或掺混凝土膨胀剂的混凝土的膨胀性能。在测定限制膨胀率之前，判断膨胀剂或混凝土是否有膨胀性能的快速简易试验方法，结果供用户参考。本试验又称掺混凝土膨胀剂的水泥浆体或混凝土膨胀性能快速试验方法。

1）混凝土膨胀剂的膨胀性能快速试验方法

称取强度等级为 42.5MPa 的普通硅酸盐水泥（1350±5）g，受检混凝土膨胀剂（150±1）g，水（675±1）g，手工搅拌均匀。将搅拌好的水泥浆体用漏斗注满容积为 600mL 的玻璃啤酒瓶，并盖好瓶口，观察玻璃瓶出现裂缝的时间。

2）掺混凝土膨胀剂的混凝土的膨胀性能快速试验方法

在现场取搅拌好的掺混凝土膨胀剂的混凝土，将约 400mL 的混凝土装入容积为 500mL 的玻璃烧杯中，用竹筷轻轻插捣密实，并用塑料薄膜封好烧杯口。待混凝土终凝后，揭开塑料薄膜，向烧杯中注满清水，再用塑料薄膜密封烧杯，观察玻璃烧杯出现裂缝的时间。

5. 抗压强度

（1）抗压强度试验方法

按《水泥胶砂强度检验方法》GB/T 17671—1999 进行。

每成型 3 条试体需称量的材料和用量如表 2-17。

材 料	代 号	材料质量
水泥（g）	C	405.0±2.0
膨胀剂（g）	E	45.0±0.1
标准砂（g）	S	1350.0±5.0
拌和水（g）	W	225.0±1.0

抗压强度材料用量表　　　　　　　　　　　　　**表 2-17**

注：$\dfrac{E}{C+E}=0.10$；$\dfrac{S}{C+E}=3.00$；$\dfrac{W}{C+E}=0.50$。

（2）限制养护的膨胀混凝土的抗压强度试验方法

该方法为在近于三向模板限制状态下养护的膨胀混凝土的抗压强度检验方法。试体尺寸及制作按照《普通混凝土力学性能试验方法标准》GB/T 50081—2002 第 3 章、第 5 章进行，必须用钢制模型，装入混凝土之前，确认模型的挡块不松动。

养护和脱模应符合下列规定：试体制作和养护的标准温度为（20±2）℃。如果在非标准温度条件下制作，应记录制作和养护温度。试体带模在湿润状态下养护龄期不少于 7d，为保持湿润状态，将试体置于水槽中，或置于空气中、在其表面覆盖湿布等，7d 后可拆模进行标准养护，拆模时，模型破损或接缝处张开的试体，不能用于检验。

抗压强度检验按照《普通混凝土力学性能试验方法标准》GB/T 50081—2002 第 6 章进行。

6. 膨胀剂检验规则

（1）检验分类

1）出厂检验

出厂检验项目为细度、凝结时间、水中 7d 的限制膨胀率、抗压强度。

2）型式检验

型式检验项目包括本节规定的化学成分和物理性能。有下列情况之一者，应进行型式检验：

① 正常生产时，每半年至少进行一次检验；

② 新产品或老产品转厂生产的试制定型鉴定；

③ 正式生产后，如材料、工艺有较大改变，可能影响产品性能时；

④ 产品长期停产后，恢复生产时；

⑤ 出厂检验结果与上次型式检验有较大差异时。

（2）编号及取样

膨胀剂按同类型编号和取样。袋装和散装膨胀剂应分别进行编号和取样。膨胀剂出厂编号按生产能力规定：日产量超过 200t 时，以不超过 200t 为一编号；不足 200t 时，以日产量为一编号。

每一编号为一取样单位，取样方法按《水泥取样方法》GB/T 12573—2008 进行。取样应具有代表性，可连续取，也可从 20 个以上不同部位取等量样品，总量不小于 10kg。

每一编号取得的试样应充分混匀，分为两等分：一份为检验样，一份为封存样，密封保存 180d。

（3）判定规则

试验结果符合本节全部化学成分和物理性能要求时，判该批产品合格；否则为不合格，不合格产品不得出厂。

（4）出厂检验报告

检验报告内容应包括出厂检验项目以及合同约定的其他技术要求。

生产者应在产品发出之日起 12d 内寄发除 28d 抗压强度检验结果以外的各项检验结果，32d 内补报 28d 强度检验结果。

7. 膨胀剂的性能特点

（1）补偿混凝土收缩

混凝土在凝结硬化过程中要产生大约相当于自身体积 0.04%～0.06% 的收缩，当收缩产生的拉应力超过混凝土的抗拉强度时就会产生裂缝，影响混凝土的耐久性。膨胀剂的作用就是在混凝土凝结硬化的初期 1～7d 龄期产生一定的体积膨胀，补偿混凝土收缩，用膨胀剂产生的自应力来抵消收缩应力，从而保持混凝土体积稳定性，因此膨胀剂应是一种混凝土防裂、密实的好材料。特别是对大体积混凝土由于体积大，收缩应力也大，混凝土水化热造成的温差冷缩也严重，因此考虑用化学方法来补偿收缩是很必要的。补偿收缩混凝土主要用于地下、水中、海中、隧道等构筑物，大体积混凝土，配筋路面和板，屋面与厕浴间防水、构件补强、渗漏修补、预应力钢筋混凝土、回填槽等。

（2）提高混凝土防水性能

许多混凝土有防水、抗渗要求，因此混凝土的结构自防水显得尤为重要，膨胀剂通常用来做混凝土结构自防水材料。用于地下防水、地下室、地铁等防水工程。

（3）增加混凝土的自应力

混凝土在掺入膨胀剂后，除补偿收缩外，在限制条件下还保留一部分的膨胀应力形成自应力混凝土，自应力值在 0.3～7MPa，在钢筋混凝土中形成预压应力。自应力混凝土可用于有压容器、水池、自应力管道、桥梁、预应力钢筋混凝土、预应力混凝土以及需要预应力的各种混凝土结构。

（4）提高混凝土的抗裂防渗性能

主要用于坑道、井筒、隧道、涵洞等维护、支护结构混凝土，起到密实、防裂、抗渗的作用。

8. 膨胀剂应用注意事项及影响因素

总的来说，《混凝土膨胀剂》GB 23439—2009 只是作为检测混凝土膨胀剂性能优劣的一个全国统一衡量标准。膨胀剂作为外加剂的一种，只是一个中间产品，其在工程实践中所发挥的性能受诸多因素影响，充分发挥膨胀剂的优异性能，必须在实际工程中考虑以下因素的影响。

（1）其他外加剂对膨胀剂膨胀效能的影响

不同种类的外加剂与膨胀剂复合使用时会对膨胀剂的膨胀效能产生影响。泵送剂是商品混凝土常用外加剂，通常为二组分或多组分的复合，具有高效减水、缓凝、引气、大幅度提高混凝土流动性等多种功能。当泵送剂与膨胀剂复合应用时，应关注泵送剂组分、掺量的改变对膨胀剂限制膨胀率、自由膨胀率和强度效能的影响；

（2）其他外加剂与膨胀剂相容性问题

随着混凝土技术的发展，两种或多种外加剂在混凝土中复合使用已极为普遍。膨胀剂与其他外加剂复合使用时，应关注两者的相容性。如复掺减水剂与膨胀剂，保持流动度不变的情况下可能会导致混凝土坍落度经时损失快、凝结速度快等问题；另补偿收缩混凝土中复掺减水剂、缓凝剂后可能引起混凝土泌水、长时间不凝等问题。

（3）水胶比变化带来的问题

高强和高性能混凝土的推广，使得混凝土的水胶比降至0.4或0.3甚至更低，混凝土中自由水大大减少。当掺有膨胀剂时，膨胀剂中$CaSO_4$溶出量随自由水减少而减少。当水胶比很低时，膨胀剂参与水化而产生膨胀的组分数量受到影响，反应数量的降低直接影响膨胀效果。此外，水胶比低，早期强度高，也会抑制混凝土膨胀的发展。早期未参与水化的膨胀剂组分，在混凝土使用期间遇到合适的条件，还可能生成二次钙矾石破坏混凝土结构。

（4）掺合料掺量对膨胀剂的抑制问题

矿物掺合料对膨胀的抑制作用不仅与膨胀剂的掺量有关，还与SO_3水平有关。掺用大量矿物掺合料的高性能混凝土的推广应用是混凝土发展的必然趋势，当混凝土中有大量掺合料时，得到同样的膨胀率应相应提高膨胀剂掺量。

（5）大体积混凝土温升问题

硫铝酸盐膨胀剂主要成分是含铝相和石膏，用于等量取代水泥时，因含铝相组分和石膏的水化热较大，在大体积混凝土中不会降低混凝土温升，可能反而使温升有所提高。施工中如果控制不当，膨胀剂产生的膨胀应力不足以补偿温差应力时，会导致混凝土开裂。此外，钙矾石在70℃左右会分解成单硫型水化硫铝酸钙，温度下降后在适当条件下又会形成钙矾石，产生延迟膨胀，破坏水泥石结构导致开裂。因此，在大体积混凝土中使用硫铝酸盐类膨胀剂，使用前应予以必要的试验研究。

2.4.5 防冻剂

检测依据：《混凝土防冻剂》GB/T JC475—2004

本章节适用于规定温度为−5℃、−10℃、−15℃的水泥混凝土防冻剂，按本规定温度检测合格的防冻剂，可在比规定温度低5℃的条件下使用。

1. 术语、定义和作用

（1）术语、定义

基准混凝土（C）：按照标准GB/TJC 475—2004规定的试验条件配制的不掺外加剂的标准养护混凝土。

受检标养混凝土（CA）：按照标准GB/TJC 475—2004规定的试验条件配制的掺防冻剂的标准养护混凝土。

受检负温混凝土（AT）：按照标准GB/TJC 475—2004规定的试验条件配制掺防冻剂并按规定条件养护的混凝土。

规定温度：受检混凝土在负温养护时的温度，该温度允许波动范围为±2℃，标准的规定温度为−5℃、−10℃、−15℃。

无氯盐防冻剂：氯离子含量≤0.1%的防冻剂称为无氯盐防冻剂。

混凝土的防冻和抗冻是两个概念，两者有很大的不同。混凝土的防冻主要是针对早龄期混凝土，要求在负温环境施工时能促使水泥水化、凝结，尽快达到临界受冻强度，确保恢复正温后混凝土的各项性能正常发展，主要通过掺入防冻剂、综合蓄热法等措施提高混凝土的防冻性。混凝土的抗冻是针对硬化混凝土，混凝土已具备一定的强度，气温降至一定温度后，混凝土毛细孔中水分结冰体积膨胀，在膨胀压力和渗透压力作用下，水泥石内部产生微裂纹并扩展至表面，导致混凝土开裂、表层剥落，现主要是通过降低水胶比、优化气泡结构提高混凝土的抗冻性。我国北方部分地区每年有 6 个月左右平均气温在 0℃以下，若需正常施工，往往使用防冻剂提高冬期施工混凝土的早期强度，加快施工进度；南方部分地区最低气温也可达到−10℃，但一般持续时间较短，最低气温高于−5℃，一般使用早强剂结合保温覆盖即可，最低气温低于−5℃时也需考虑使用防冻剂。使用防冻剂的区域往往冬季气温低，除冬期施工须考虑防冻以外，其他季节施工混凝土仍需考虑硬化的抗冻性能。

在低温季节，当气温低于 0℃时，新浇筑的混凝土内空隙和毛细管中的水分会逐渐冻结。由于水冻结后体积膨胀（约增加 9%），使混凝土结构遭到损坏，影响混凝土力学性能、抗冻等耐久性能。与此同时，水泥与水的化学反应，在低温条件下进行非常缓慢，如果混凝土温度降至水的冰点以下（例如−2.5℃），由于结冰的水不能与水泥结合，在混凝土内，水化反应停止，所产生的新复合物大为减少。一旦冻结时，不只是水化作用不能进行，其后，即使给适宜的养护条件，也会给强度、耐久性等性能带来不利影响，贻害未来。因此，在混凝土凝结硬化的初期，当预计到日平均气温在 4℃以下时，必须以适当的方法保证混凝土不受到冻害。

（2）作用

防冻剂是指能使混凝土在负温下硬化，并在规定养护条件下达到预期性能的外加剂。防冻剂对混凝土的作用体现在：1）防冻组分降低水的冰点，使水泥在负温下仍能继续水化；2）早强组分提高混凝土的早期强度，抵抗水结冰产生的膨胀应力；3）减少混凝土中的冰含量，并使冰晶粒度细小且均匀分散，减轻对混凝土的破坏应力；4）引气组分引入适量封闭的微气泡，减轻冰胀应力及过冷水迁移产生的应力；5）有机硫化物能改变水的冰晶形状，从而减轻冰胀应力。

2. 分类

防冻剂按其成分可分为强电解质无机盐类（氯盐类、氯盐阻锈类、无氯盐类）、水溶性有机化合物类、有机化合物与无机盐复合类、复合型防冻剂。

氯盐类：以氯盐（如氯化钠、氯化钙等）为防冻组分的外加剂。

氯盐阻锈类：含有阻锈组分、并以氯盐为防冻组分的外加剂。

无氯盐类：以亚硝酸盐、硝酸盐等无机盐为防冻组分的外加剂。

有机化合物类：以某些醇类、尿素等有机化合物为防冻组分的外加剂。

复合型防冻剂：以防冻组分复合早强、引气、减水等组分的外加剂。

3. 技术要求

（1）匀质性

防冻剂匀质性应符合表 2-18 的要求。

试验项目	指　标
固体含量（%）	液体防冻剂： $S \geqslant 20\%$ 时，$0.95S \leqslant X < 1.05S$；$S < 20\%$ 时，$0.90S \leqslant X < 1.10S$ S 是生产厂提供的固体含量（质量%），x 是测试的固体含量（质量%）
含水率（%）	粉状防冻剂： $W \geqslant 5\%$ 时，$0.90W \leqslant X < 1.10W$；$W < 5\%$ 时，$0.80W \leqslant X < 1.20W$ W 是生产厂提供的含水率（质量%），X 是测试的含水率（质量%）
密度	液体防冻剂： $D > 1.1$ 时，要求 $D \pm 0.03$；$D \leqslant 1.1$ 时，要求 $D \pm 0.02$ D 是生产厂提供的密度值
氯离子含量（%）	无氯盐防冻剂：$\leqslant 0.1\%$（质量百分比） 其他防冻剂：不超过生产厂控制值
水泥净浆流动度（mm）	应不小于生产厂控制值的 95%
细度（%）	粉状防冻剂细度应在生产厂提供的最大值
碱含量（%）	不超过生产厂提供的最大值

（2）掺防冻剂混凝土性能

掺防冻剂混凝土性能应符合表 2-19 要求。

试验项目			性能指标					
			一等品			合格品		
减水率（%）（≥）			10			—		
泌水率比（%）（≤）			80			100		
含气量（%）（≥）			2.5			2.0		
凝结时间差（min）	初凝		$-150 \sim +150$			$-210 \sim +210$		
	终凝							
抗压强度比（%）≥	规定温度	-5	-10	-15	-5	-10	-15	
	R_7	20	12	10	20	10	8	
	R_{28}	100	100	95	95	95	90	
	R_{-7+28}	95	90	85	90	85	80	
	R_{-7+56}	100	100	100	100	100	100	
28d 收缩率比（%）（≤）			135					
渗透高度比（%）（≤）			100					
50 次冻融强度损失率比（%）（≤）			100					
钢筋锈蚀作用			应说明对钢筋有无锈蚀作用					

1）按表 2-19 规定温度下检验合格的防冻剂，可在比规定最低温度低 5℃ 的条件下使用。因标准规定的负温试验是在恒定负温下进行，在实际施工中，一般凌晨温度最低，随着阳光的照射温度迅速回升，一般日平均气温较最低温度高出约 5℃，而实际施工是按最低温度掌握，因此，可在比规定温度低 5℃ 的条件温度下使用，即该标准规定温度 $-15℃$ 检验合格的防冻剂，可在最低 $-20℃$ 环境下使用。

2）防冻剂合格品对减水率没有作出强制要求，主要是基于使用方便考虑。工程所处环境温度是变化的，是否掺入防冻剂以及掺量多少完全根据气温变化情况灵活调整。若防冻剂中仅有防冻组分，其掺量的变化仅影响混凝土的防冻能力，对新拌状态影响较小；若防冻剂中复合有其他组分，如防冻剂中含有减水组分，因气温降低掺量增加，往往导致混凝土离析、泌水；若气温升高掺量降低，则混凝土达不到预期的流动性。若防冻剂中含有引气组分，则掺量变化导致混凝土含气量变化，影响强度和耐久性。一般来说，实际使用时建议使用纯防冻组分，混凝土本身通过掺入减水剂等达到应用状态，防冻剂按需掺入。但需注意的是，单纯的防冻组分很难满足−15℃的检测要求，而实际混凝土中也掺有减水剂，建议检测时减水剂、防冻剂同时掺入，更接近实际工程情况。

3）使用防冻剂的混凝土硬化后往往也会遭受冻融循环，因此有一定含气量要求。如果混凝土仅掺防冻组分，考虑到混凝土后期抗冻性能，必须有一定的含气量缓解膨胀应力，可以在防冻剂中直接复合引气剂；如果混凝土分别掺入防冻剂和减水型外加剂，可以在其他外加剂中复合引气组分，提高混凝土含气量。一般来说，对于抗冻混凝土，建议含气量为 3%~5.5%。

4）表中对一等品防冻剂的凝结时间要求为−150~+150min，合格品防冻剂要求为−210~+210min，该凝结时间为 20℃的原材料在标准养护下测得的结果。实际施工中，混凝土出料温度低，在没有任何保温措施的情况下出料温度接近 0℃，即使采取热水拌合或暖棚骨料，一般混凝土出料温度不超过 20℃，随后混凝土在运输、静置过程中快速降温，若不采取保温措施，混凝土表面温度降至与气温相同，若浇注后简单以草袋覆盖，表面温度较气温略高，但远远低于 20℃。在标准条件下掺防冻剂混凝土凝结时间延长 +150min 或 +210min，对于接近 0℃混凝土，则凝结时间延长可能超过 420min 甚至更多。掺入防冻剂的目的是促进水泥凝结，加快早期强度发展，因此，一般掺防冻剂后凝结时间有所提前为好，至少不显著延长，这样有利于低温下水泥凝结。当然，考虑到混凝土的施工，凝结时间也不宜过短。总的来说，在标准条件下检测掺防冻剂混凝土与基准混凝土凝结时间差为−210~+60min 较好。

5）评价防冻剂性能优劣，最主要的指标是掺防冻剂混凝土负温养护下强度是否能继续发展并能达到规定的强度。在 R_{-7}、R_{-7+28}、R_{-7+56} 三个指标中，相对来说，R_{-7} 最不宜达到，尤其是−15℃环境下，混凝土未初凝就进入极低负温环境中，若防冻性能不佳，混凝土很快发生冻结，7d 后取出，在标准环境中解冻后，混凝土仍处于酥松状态，强度<1MPa，肯定不能满足防冻剂的技术要求。冻结的混凝土在恢复正温后强度能很快发展，但一般 R_{-7+28} 较标养 28d 试件的强度低，说明初始的冻结对水泥石结构造成了内部损伤，对后期强度也有一定不利影响。若防冻剂性能较好，混凝土在负温环境下仍能凝结并较快达到临界受冻强度，则恢复正温后强度正常发展，R_{-7+28} 强度较 R_{28} 强度更高，说明早期受冻并未破坏水泥石结构，恢复正温后混凝土各项性能正常发展。R_{-7+28}、R_{-7+56} 是受检混凝土与基准混凝土的强度比值，对于复合有减水组分尤其是高效减水组分的防冻剂，即使 R_{-7} 性能不理想，但 R_{-7+28}、R_{-7+56} 两项指标一般仍能满足要求。因此，评价防冻剂性能的优劣，最应关注的指标是 R_{-7} 的数值，该指标也最能反映掺防冻剂混凝土自身早期抵御冻害的能力。当然，仍需关注 R_{-7+28}、R_{-7+56} 的数值，因防冻剂一般为无机盐，大量的掺入可激发早期强度，但往往导致后期强度倒缩，通过比较 R_{-7+28}、R_{-7+56} 的数值，可更

多地了解该防冻剂对混凝土后期强度的影响。目前，已有一些高效防冻组分，掺量低，防冻性能好，且后期强度稳定发展，是以后防冻剂发展的主流方向。

6）防冻组分一般为无机盐，大量掺入会增大混凝土的收缩和徐变。即便如此，仍需控制防冻剂掺入对混凝土收缩的过大影响，标准要求掺入后收缩率比不得大于135%。有机类防冻组分对收缩影响较小，一般均能满足该指标要求。

7）氯盐是很好的防冻组分，但掺入后诱发混凝土中钢筋锈蚀，一般用于素混凝土中。对于钢筋混凝土结构和预应力结构，严禁掺入氯盐类防冻剂。标准要求说明防冻剂对钢筋锈蚀作用，可方便使用者针对混凝土类型合理选用防冻剂，趋利避害，避免因选择不当导致钢筋锈蚀并威胁结构安全。

（3）释放氨量

含有氨或氨基类的防冻剂释放氨量应符合《混凝土外加剂中释放氨的限量》GB 18588—2001 规定的限值。

4. 试验方法

（1）防冻剂匀质性

匀质性检验应遵照表 2-15 规定的试验项目，生产厂根据不同产品按照《混凝土外加剂匀质性能试验方法》GB/T 8077—2012 进行。液体防冻剂长时间放置会出现析晶、沉淀及分层现象，尤其是在较低温下放置，因此检测匀质性指标时应摇匀或使析晶、沉淀物充分溶解后进行测试。对粉剂防冻剂容易受潮结块，应根据受潮情况进行处理或重新取样。以尿素为主要成分的防冻剂，含固量和含水量测定时恒温温度可为 80~85℃。防冻剂中氯离子含量≤0.1%时，可认为是无氯盐防冻剂。

（2）防冻剂含水率试验

1）试验仪器

分析天平（称量 200g，分度值 0.1mg）；鼓风电热恒温干燥箱；带盖称量瓶（Φ25mm×65mm）；干燥器（内盛变色硅胶）。

2）试验步骤

① 将洁净带盖的称量瓶放入烘箱内，于 105~110℃烘 30min。取出置于干燥器内，冷却 30min 后称量，重复上述步骤至恒量（两次称量的质量差小于 0.3mg），称其质量为 m_0；

② 称取防冻剂试样 10g±0.2g，装入已烘干至恒重的称量瓶内，盖上盖，称出试样及称量瓶总质量为 m_1；

③ 将盛有试样的称量瓶放入烘箱中，开启瓶盖升温至 105~110℃，恒温 2h 取出，盖上盖，置于干燥器内，冷却 30min 后称量，重复上述步骤至恒量，其质量为 m_2。

3）结果计算与评定

含水率按下式计算：

$$X_{H_2O} = \frac{m_1 - m_2}{m_2 - m_0} \times 100 \tag{2-45}$$

式中：X_{H_2O}——含水率（%）；

m_0——称量瓶的质量（g）；

m_1——称量瓶加干燥前试样质量（g）；

m_2——称量瓶加干燥后试样质量（g）。

含水率试验结果以三个试样测试数据的算术平均值表示，精确至 0.1%。

（3）掺防冻剂混凝土性能试验

1）材料、配合比及搅拌

按照《混凝土外加剂》的规定进行，混凝土的坍落度控制为 80±10mm。

2）试验项目及试件数量

掺防冻剂混凝土的试验项目及试件数量按表 2-20 规定。

试验项目及试件数量 表 2-20

项 目	试验类别	拌合批次	每批取样数量	受检混凝土取样总数	基准混凝土取样总数
减水率	混凝土拌合物	3	1 次	3 次	3 次
泌水率比	混凝土拌合物	3	1 次	3 次	3 次
含气量	混凝土拌合物	3	1 次	3 次	3 次
凝结时间差	混凝土拌合物	3	1 次	3 次	3 次
抗压强度比	硬化混凝土	3	12/3 块*	36 块	9 块
收缩率比	硬化混凝土	3	1 块	3 块	3 块
抗渗高度比	硬化混凝土	3	2 块	6 块	6 块
50 次冻融强度损失率比	硬化混凝土	1	6 块	6 块	6 块
钢筋锈蚀	新拌或硬化砂浆	3	1 块	3 块	—

注：*受检混凝土 12 块，基准混凝土 3 块。

3）混凝土拌合物性能

减水率、泌水率比、含气量和凝结时间差按照《混凝土外加剂》GB/T 8076—2008 进行测定和计算，坍落度试验应在混凝土出机后 5min 内完成。

4）硬化混凝土性能

① 试件制作

基准混凝土试件和受检混凝土试件应同时制作。混凝土试件制作及养护参照《普通混凝土拌合物性能试验方法标准》GB/T 50080—2002 进行，但掺与不掺防冻剂混凝土坍落度为 80±10mm，试件制作采用振动台振实，振动时间为 10～15s，掺防冻剂受检混凝土在（20±3）℃环境下按表 2-21 规定的时间预养后移入冰箱（或冰室）内并用塑料布覆盖试件，其环境温度应于 3～4h 内均匀地降至规定温度，养护 7d 后（从成型加水时间算起）脱模，放置在（20±3）℃环境温度下解冻，解冻时间按表 2-21 的规定。解冻后进行抗压强度试验或转标准养护。

不同规定温度下混凝土试件的预养和解冻时间 表 2-21

防冻剂的规定温度（℃）	预养时间（h）	M（℃h）	解冻时间（h）
−5	6	180	6
−10	5	150	5
−15	4	120	4

注：试件预养时间也可按 $M=\Sigma(T+10)\Delta t$ 来控制。

式中：M—度时积，T—温度，Δt—温度 T 的持续时间。

负温下混凝土的抗压强度是掺防冻泵送剂混凝土的力学性质中最重要的指标之一。不同品种的防冻剂对负温下混凝土强度的增长呈现不同的规律，同时混凝土的硬化温度也会影响混凝土强度的增长。掺防冻泵送剂的混凝土在负温时强度增长缓慢，强度的积累主要来源于水泥的水化和混凝土冻结。根据中华人民共和国建材标准 JC 475—2004 检测标准，掺防冻泵送剂混凝土强度发展过程可分为三个过程：冻结阶段，解冻（过渡）阶段和解冻后正温硬化阶段。这三个阶段中最复杂的是冻结阶段，这时混凝土同时积累两种不同的强度：在混合物的游离水转化成冰时很快形成第一种强度；同时在防冻泵送剂存在时，在负温下混凝土硬化积累形成第二种强度。其中第一种强度是可逆的，在解冻时强度会消失。而第二种强度是不可逆的，是强度发展的主要来源，其防冻泵送剂的性能直接决定着混凝土强度的增长。

② 抗压强度比

以受检标养混凝土、受检负温混凝土与基准混凝土抗压强度之比表示：

$$R_{28} = \frac{f_{CA}}{f_C} \times 100$$

$$R_{-7} = \frac{f_{AT}}{f_C} \times 100$$

$$R_{-7+28} = \frac{f_{AT}}{f_C} \times 100$$

$$R_{-7+56} = \frac{f_{AT}}{f_C} \times 100$$

(2-46)

式中：R_{28}——受检标养混凝土与基准混凝土标养 28d 的抗压强度之比，单位为百分数（%）；

f_{CA}——受检标养混凝土 28d 的抗压强度，单位为兆帕（MPa）；

f_C——基准混凝土 28d 的抗压强度，单位为兆帕（MPa）；

R_{-7}——受检负温混凝土负温养护 7d 的抗压强度与基准混凝土标养 28d 抗压强度之比，单位为百分数（%）；

f_{AT}——不同龄期（R_{-7}，R_{-7+28}，R_{-7+56}）的受检负温混凝土抗压强度，单位为兆帕（MPa）；

R_{-7+28}——受检负温混凝土负温养护 7d 再转标准养护 28d 的抗压强度与基准混凝土标养 28d 抗压强度之比，单位为百分数（%）；

R_{-7+56}——受检负温混凝土负温养护 7d 再转标准养护 56d 的抗压强度与基准混凝土标养 28d 抗压强度之比，单位为百分数（%）。

受检混凝土与基准混凝土每组三块试件，强度数据取值原则同 GB/T 50080—2002 规定。受检混凝土和基准混凝土以三组试验结果强度的平均值计算抗压强度比，精确到 1%。

③ 收缩率比

收缩率参照《普通混凝土长期性能和耐久性能试验方法标准》GB/T 50082—2009 进行，基准混凝土试件应在 3d（从搅拌混凝土加水时算起）从标养室取出移入恒温恒湿室内 3～4h 测定初始长度，再经 28d 后测量其长度。受检负温混凝土，在规定温度下养护 7d，拆模后先标养 3d，从标养室取出后移入恒温恒湿室内 3～4h 测定初始长度，再经 28d 后测量其长度。

以三个试件测值的算术平均值作为该混凝土的收缩率，按下式计算，精确至 1%。

$$S_r = \frac{\varepsilon_{AT}}{\varepsilon_C} \times 100 \tag{2-47}$$

式中：S_r——收缩率之比，单位为百分数（%）；

ε_{AT}——受检负温混凝土的收缩率，单位为百分数（%）；

ε_C——基准混凝土的收缩率，单位为百分数（%）。

④ 渗透高度比

基准混凝土标养龄期为 28d，受检负温混凝土到-7+56d 时分别参照 GB/T 50082—2009 进行抗渗试验，但按 0.2、0.4、0.6、0.8、1.0MPa 加压，每级恒压 8h，加压到 1MPa 为止。取下试件，将其劈开，测试试件 10 个等分点透水高度平均值，以一组六个试件测值的平均值作为试验的结果，按下式计算渗透水高度比，精确到 1%。

$$H_r = \frac{H_{AT}}{H_C} \times 100 \tag{2-48}$$

式中：H_r——透水高度之比（%）；

H_{AT}——受检负温混凝土六个试件测试值的平均值（mm）；

H_C——基准混凝土六个试件测值的平均值（mm）。

⑤ 50 次冻融强度损失率比

参照 GB/T 50082—2009 进行试验和计算强度损失率，基准混凝土试验龄期为 28d，受检负温混凝土龄期为-7+28d。根据计算出的强度损失率再按下式计算受检负温混凝土与基准混凝土强度损失率之比，计算精确到 1%。

$$D_r = \frac{\Delta f_{AT}}{\Delta f_C} \times 100 \tag{2-49}$$

式中：D_r——50 次冻融强度损失率比（%）；

Δf_{AT}——受检负温混凝土 50 次冻融强度损失率（%）；

Δf_C——基准混凝土 50 次冻融强度损失率（%）。

⑥ 钢筋锈蚀

钢筋锈蚀采用在新拌和硬化砂浆中阳极极化曲线来测试，测试方法见《混凝土外加剂》GB/T 8076—2008。

（4）释放氨量

按照《混凝土外加剂中释放氨的限量》GB 18588—2001 规定的方法测试。

5. 检验规则

（1）检验分类

1）出厂检验

出厂检验项目包括本节规定的匀质性试验项目（碱含量除外）

2）型式检验

型式检验项目包括本节规定的匀质性试验项目和掺防冻剂混凝土性能试验项目。有下列情况之一者，应进行型式检验：

① 新产品或老产品转厂生产的试制定型鉴定；

② 正式生产后，如成分、材料、工艺有较大改变，可能影响产品性能时；

③ 正常生产时，一年至少进行一次检验；

④ 产品长期停产，恢复生产时；

⑤ 出厂检验结果和上次型式检验结果有较大差异时；

⑥ 国家质量监督机构提出型式检验要求时。

（2）批量

同一品种的防冻剂，每50t为一批，不足50t也可作为一批。

（3）抽样及留样

取样应具有代表性，可连续取，也可以从20个以上不同部位取等量样品。液体防冻剂取样时应注意从容器的上、中、下三层分别取样。每批取样量不少于0.15t水泥所需用的防冻剂量（以其最大掺量计）。

每批取得的试样应充分混匀，分为两等份。一份按本节规定的方法项目进行试验，另一份密封保存半年，以备有争议时交国家指定的检验机构进行复验或仲裁。

（4）判定规则

产品经检验，混凝土拌合物的含气量、硬化混凝土性能（抗压强度比、收缩率比、渗透高度比、50次冻融强度损失率比）、钢筋锈蚀全部符合本节的要求，出厂检验结果符合本节要求，则可判定为相应等级的产品，否则判为不合格品。

（5）复检

复检以封存样进行。如果使用单位要求用现场样时，可在生产和使用单位人员在场的情况下现场取平均样，但应事先在供货合同中规定。复检按照型式检验项目检验。

6. 应用注意事项

受检混凝土的预养时间和预养温度对混凝土早期强度发展影响很大，因此测试过程中应该严格控制预养温度（20±3）℃和预养时间。此外规定温度−5℃、−10℃、−15℃是指受检混凝土的受冻温度。

混凝土发展趋势，正朝着高强、高耐久性、高流动性及无污染绿色高性能混凝土方向发展，这就要求研发无毒、环保、经济的液体高效防冻剂适应其发展。

大量研究显示液体防冻泵送剂在使用效果上看，比粉剂效果好，但液体防冻剂在技术方面还存在以下几个问题：

（1）复合型液体防冻剂中有效成分的相容性

复合液体防冻剂含有减水、早强、引气、缓凝及防冻等多种组分。在制成液体产品时不少厂家都发现有沉淀产生，因而怀疑产品的均匀性与使用效果。这主要是由于作为减水组分的低浓萘系高效减水剂含有将近20％的硫酸钠，硫酸钠在低温下容易析晶，导致液体防冻剂出现大量的沉淀。

在粉剂产品中不存在的问题，在液体产品中就表现出来了，因此配制液体产品绝对不是固体产品简单的溶解一下，必须考虑有效组分间的相容性。若在组合中同时使用酸性与碱性物质，则在配成液体后可能产生一些中和反应，如甲酸、乙酸、柠檬酸与甲醇、乙二醇等可能在溶液中产生中和反应而影响使用效果。如果这些组分在混凝土拌合过程中遇水则它们可能分别发挥自己的作用，而如果在液体产品中则可能发生反应而生成另外一种物质，完全改变了两种成分的性能。这个问题必须引起重视。

（2）液体产品的结冰点问题

"液体防冻剂在达到使用的规定温度前已经开始结冰，还是否有防冻作用？"这个问题常被使用单位质疑，这与汽车用防冻剂是不一样的。液体防冻泵送剂中50％以上的水会在一定的低温时开始出现结冰，但并未改变其化学成分。而要保证防冻泵送剂在较低温度下不结冰则需要较高的浓度，因此，适当给防冻剂保温使其保持溶液状态是有必要的。

（3）液体防冻泵送剂的掺量

目前工程应用中，液体防冻剂的最佳掺量为 2.5％～3.0％（按胶凝材料计），而大多数液体防冻泵送剂在这种掺量下不能满足工程要求，当加大掺量时一方面成本增大，另一方面液体防冻剂的掺量较大时会影响混凝土的工作性能和耐久性等。有的液体防冻泵送剂厂家为了控制掺量在 2.5％～3.0％，而盲目地加大防冻组分的浓度，经常导致由于盐类防冻组分溶解度较低使液体防冻泵送剂产生析晶现象，或者是由于加入太多有机防冻组分而成本较高。

此外，防冻外加剂的掺量是与温度有着一定的内在联系的。采用防冻外加剂的温度极限应高于该防冻溶液的共晶点温度。例如，采用亚硝酸钠的温度不应低于−15℃，其共晶点温度为−19.6℃。有的施工人员对防冻外加剂掺量与气温关系注意不够，只按固定掺量比例配制混凝土造成掺量不足与气温不相适应，在低温条件下防冻剂无法发挥应有的作用，使混凝土早期受冻。因此防冻外加剂的掺量应随温度的降低而相应地增加，要严格按规定进行施工。

（4）现有防冻剂按水泥重量的掺用方法不科学

根据 Powers 原理、拉乌尔定律和冰晶结构原理，影响混凝土是否冻结的因素是防冻剂在液相中的浓度，所以防冻剂的掺量按用水量计量更为科学。

（5）液体防冻泵送剂的选择

冬季施工用混凝土防冻剂，应从质量有保障的正规大型生产厂家采购，并要求厂家提供产品合格证和出厂检验证明。必要时，应在使用前按批量抽取样品到通过计量认证的法定检测部门对防冻剂的含气量、抗压强度比、低温效果等进行检验。不同规格型号、不同性能的防冻剂，其适用的规定温度不同，因此在使用前，一定要根据外界的实际最低气温选用相应的防冻剂。例如某防冻剂使用说明书上的最低规定温度为−5℃，而外界的实际最低温度为−9℃，则这种防冻剂就不能选用，而应选用最低规定温度不高于−10℃的防冻剂。

2.5 混凝土用水的检验

2.5.1 检测依据

《混凝土用水标准》JGJ 63—2006

2.5.2 检验方法

（1）pH值的检验应符合现行国家标准《水质 pH 值的测定玻璃电极法》GB/T 6920—1986 的要求，并宜在现场测定。

（2）不溶物的检验应符合现行国家标准《水质 悬浮物的测定 重量法》GB/T 11901—1989 的要求。

（3）可溶物的检验应符合现行国家标准《生活饮用水标准检验法》GB 5750—2006 中溶解性总固体检验法的要求。

（4）氯化物的检验应符合现行国家标准《水质 氯化物的测定 硝酸银滴定法》GB/T 11896—1989 的要求。

（5）硫酸盐的检验应符合现行国家标准《水质 硫酸盐的测定 重量法》GB/T 11899 的要求。

（6）碱含量的检验应符合现行国家标准《水泥化学分析方法》GB/T 176—2008 中关于氧化钾、氧化钠测定的火焰光度计法的要求。

（7）水泥凝结时间试验应符合现行国家标准《水泥标准稠度用水量、凝结时间、安定性检验方法》GB/T 1346—2011 的要求。试验应采用 42.5 级硅酸盐水泥，也可采用 42.5 级普通硅酸盐水泥；出现争议时，应以 42.5 级硅酸盐水泥为准。

（8）水泥胶砂强度试验应符合现行国家标准《水泥胶砂强度检验方法（ISO 法）》GB/T 17671—1999 的要求。试验应采用 42.5 级硅酸盐水泥，也可采用 42.5 级普通硅酸盐水泥；出现争议时，应以 42.5 级硅酸盐水泥为准。

2.5.3　检验规则

1. 取样

（1）水质检验水样不应少于 5L；用于测定水泥凝结时间和胶砂强度的水样不应少于 3L。

（2）采集水样的容器应无污染；容器应用待采集水样冲洗三次再灌装，并应密封待用。

（3）地表水宜在水域中心部位、距水面 100mm 以下采集，并应记载季节、气候、雨量和周边环境的情况。

（4）地下水应在放水冲洗管道后接取，或直接用容器采集；不得将地下水积存于地表后再从中采集。

（5）再生水应在取水管道终端接取。

（6）混凝土企业设备洗刷水应沉淀后，在池中距水面 100mm 以下采集。

2. 检验期限和频率

（1）水样检验期限应符合下列要求：水质全部项目检验宜在取样后 7d 内完成；放射性检验、水泥凝结时间检验和水泥胶砂强度成型宜在取样后 10d 内完成。

（2）地表水、地下水和再生水的放射性应在使用前检验；当有可靠资料证明无放射性污染时，可不检验。

（3）地表水、地下水、再生水和混凝土企业设备洗刷水在使用前应进行检验；在使用期间，检验频率宜符合下列要求：地表水每 6 个月检验一次；地下水每年检验一次；再生水每 3 个月检验一次；在质量稳定一年后，可每 6 个月检验一次；混凝土企业设备洗刷水每 3 个月检验一次；在质量稳定一年后，可一年检验一次；当发现水受到污染和对混凝土性能有影响时，应立即检验。

2.5.4 结果评定

(1) 符合现行国家标准《生活饮用水卫生标准》GB 5749—2006 要求的饮用水，可不经检验作为混凝土用水。

(2) 符合本标准 3.1 节要求的水，可作为混凝土用水；符合本标准 3.2 节要求的水，可作为混凝土养护用水。

(3) 当水泥凝结时间和水泥胶砂强度的检验不满足要求时，应重新加倍抽样复检一次。

2.6 混凝土性能检测

2.6.1 检测依据

《普通混凝土拌合物性能试验方法标准》GB/T 50080—2002
《普通混凝土力学性能试验方法标准》GB/T 50081—2002
《普通混凝土长期性能和耐久性能试验方法标准》GB/T 50082—2009
《普通混凝土配合比设计规程》JGJ 55—2011

2.6.2 混凝土拌合物性能检验

1. 混凝土拌合物的和易性测定——坍落度法

(1) 试验目的

测定混凝土拌合物的坍落度，观察黏聚性和保水性，评定其和易性。

(2) 检测依据

普通混凝土拌合物性能试验方法《普通混凝土拌合物性能试验方法标准》GB/T 50080—2002。

(3) 仪器设备

1) 坍落度试验所用的混凝土坍落度仪应符合《混凝土坍落度仪》JG/T 248—2009 中有关技术要求的规定。

2) 符合《混凝土坍落度仪》JG/T 248—2009 中规定的直径 16mm、长 600mm、端部呈半球形的捣棒（见图 2-1）。

(4) 本方法适用于骨料最大粒径不大于 40mm、坍落度不小于 10mm 的混凝土拌合物稠度测定

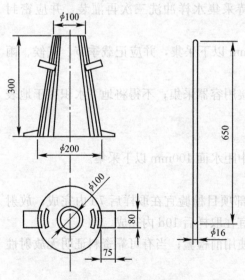

图 2-1 坍落度筒及捣棒

(5) 坍落度试验应按下列步骤进行（见图 2-2）：

1) 湿润坍落度筒及底板，在坍落度筒内壁和底板上应无明水。底板应放置在坚实水平面上，并把筒放在底板中心，然后用脚踩住两边的脚踏板，坍落度筒在装料时应保持固定的位置。

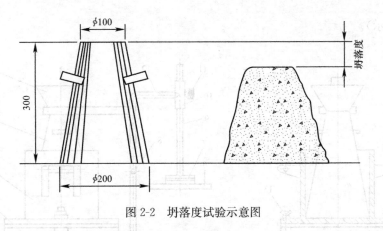

图 2-2　坍落度试验示意图

2）把按要求取得的混凝土试样用小铲分三层均匀地装入筒内，使捣实后每层高度为筒高的三分之一左右。每层用捣棒插捣 25 次。插捣应沿螺旋方向由外向中心进行，各次插捣应在截面上均匀分布。插捣筒边混凝土时，捣棒可以稍稍倾斜。插捣底层时，捣棒应贯穿整个深度，插捣第二层和顶层时，捣棒应插透本层至下一层的表面；浇灌顶层时，混凝土应灌到高出筒口。插捣过程中，如混凝土沉落到低于筒口，则应随时添加。顶层插捣完后，刮去多余的混凝土，并用抹刀抹平。

3）清除筒边底板上的混凝土后，垂直平稳地提起坍落度筒。坍落度筒的提离过程应在 5～10s 内完成；从开始装料到提坍落度筒的整个过程应不间断地进行，并应在 150s 内完成。

4）提起坍落度筒后，测量筒高与坍落后混凝土试体最高点之间的高度差，即为该混凝土拌合物的坍落度值；坍落度筒提离后，如混凝土发生崩坍或一边剪坏现象，则应重新取样另行测定；如第二次试验仍出现上述现象，则表示该混凝土和易性不好，应予记录备查。

5）观察坍落后的混凝土试体的黏聚性及保水性。黏聚性的检查方法是用捣棒在已坍落的混凝土锥体侧面轻轻敲打，此时如果锥体逐渐下沉，则表示黏聚性良好，如果锥体倒塌、部分崩裂或出现离析现象，则表示黏聚性不好。保水性以混凝土拌合物稀浆析出的程度来评定，坍落度筒提起后如有较多的稀浆从底部析出，锥体部分的混凝土也因失浆而骨料外露，则表明此混凝土拌合物的保水性能不好；如坍落度筒提起后无稀浆或仅有少量稀浆自底部析出，则表示此混凝土拌合物保水性良好。

6）当混凝土拌合物的坍落度大于 220mm 时，用钢尺测量混凝土扩展后最终的最大直径和最小直径，在这两个直径之差小于 50mm 的条件下，用其算术平均值作为坍落扩展度值；否则，此次试验无效。

如果发现粗骨料在中央集堆或边缘有水泥浆析出，表示此混凝土拌合物抗离析性不好，应予记录。

（6）混凝土拌合物坍落度以 mm 为单位，测量精确至 1mm，结果表达修约至 5mm。

2. 混凝土土拌合物的和易性测定——维勃稠度法

（1）试验目的：同坍落度法试验目的。

（2）主要仪器设备

1）维勃稠度仪：振动频率为（50±3）Hz，装有空容器时台面的振幅为（0.5±0.1）mm，

（见图 2-3 所示）。

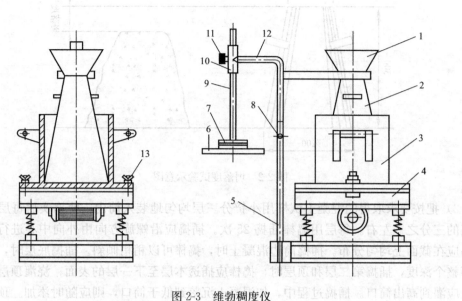

图 2-3　维勃稠度仪

1—喂料斗；2—坍落度筒；3—容器；4—振动台；5—支柱；6—透明圆盘；
7—荷重块；8—定位螺丝；9—测杆；10—套管；11—测杆螺丝；12—旋转架；13—固定螺丝

2）秒表及其他与坍落度测得用相同的仪器。

（3）试验步骤

1）把维勃稠度仪放置在坚实水平的地面上，用湿布把容器、坍落度筒、喂料斗内壁及其他用具润湿；

2）将喂料斗提到坍落度筒上方扣紧，校正容器位置，使其中心与喂料斗中心重合，然后拧紧固定螺丝；

3）把混凝土拌合物经喂料斗分层装入坍落度筒，装料及插捣方法同坍落度中的规定；

4）把喂料斗转离坍落度筒，垂直地提起坍落度筒，此时应注意不使混凝土试体产生横向的扭动；

5）把透明圆盘转到混凝土圆台体顶面，放松测杆螺丝降下圆盘，使其轻轻接触到混凝土顶面；

6）拧紧定位螺丝，并检查测杆螺丝是否已经完全放松；

7）在开启振动台的同时用秒表计时，当振动到透明圆盘底面被水泥浆布满时停表计时，并关闭振动台。由秒表读出的时间即为该混凝土拌合物的维勃稠度值。如维勃稠度值小于 5s 或大于 30s，则此混凝土所具有的稠度已超出本仪器的适用范围。

2.6.3　混凝土力学性能检测

1. 混凝土抗压强度检测

（1）试验目的

通过试验测定混凝土立方体抗压强度，作为评定混凝土质量的主要依据。

（2）环境条件

试件成型后的标准养护，应在温度为20±5℃的环境中。拆模后的标准养护，温度为20±2℃，相对湿度为95％以上的标准养护室中，或在温度为20±2℃的不流动的$Ca(OH)_2$饱和溶液中。

（3）仪器设备

1）试模

① 试模应符合《混凝土试模》JG 237—2008中技术要求的规定。

② 应定期对试模进行自检，自检周期宜为三个月。

2）振动台

① 振动台应符合《混凝土试验室用振动台》JG/T 245—2009中技术要求的规定。

② 应具有有效期内的计量检定证书。

3）压力试验机

① 压力试验机除应符合《液压式压力试验机》GB/T 3159—2008及《试验机通用技术要求》GB/T 2611—2007中技术要求外，其测量精度为±1％，试件破坏荷载应大于压力机全量程的20％且小于压力机全量程的80％。

② 应具有加荷速度指示装置或加荷速度控制装置，并应能均匀、连续地加荷。

③ 应具有有效期内的计量检定证书。

④ 混凝土强度等级≥C60时，试件周围应设防崩裂网罩。当压力试验机上、下压板不符合普通混凝土力学性能试验方法GB/T 50080—2002标准第4.6.2条规定时，压力试验机上、下压板与试件之间应各垫以钢垫板。

4）钢垫板

① 钢垫板的平面尺寸应不小于试件的承压面积，厚度应不小于25mm。

② 钢垫板应机械加工，承压面的平面度公差为0.04mm；表面硬度不小于55HRC；硬化层厚度约为5mm。

（4）试件的尺寸

1）混凝土试件的尺寸应根据混凝土中骨料的最大粒径（按表2-22选定）

表 2-22

混凝土试件尺寸选用表

试件横截面尺寸（mm）	骨料最大粒径（mm）	
	劈裂抗拉强度试验	其他试验
100×100	20	31.5
150×150	40	40
200×200	—	63

2）试件的形状

抗压强度试件应符合下列规定：

① 边长为150mm的立方体试件是标准试件。

② 边长为100mm和200mm的立方体试件是非标准试件。

③ 在特殊情况下，可采用ϕ150mm×300mm的圆柱体标准试件或ϕ100mm×200mm和ϕ200mm×400mm的圆柱体非标准试件。

3）尺寸公差

① 试件的承压面的平面度公差不得超过 0.0005d（d 为边长）。

② 试件的相邻面间的夹角应为 90°，其公差不得超过 0.5°。

③ 试件各边长、直径和高的尺寸的公差不得超过 1mm。

（5）试件的制作

1）混凝土试件的制作应符合下列规定：

① 成型前，应检查试模尺寸并符合普通混凝土力学性能试验方法 GB/T 50080—2002 标准第 4.1.1 条中的有关规定；试模内表面应涂一薄层矿物油或其他不与混凝土发生反应的脱模剂。

② 在试验室拌制混凝土时，其材料用量应以质量计，称量的精度：水泥、掺合料、水和外加剂为 ±0.5%；骨料为 ±1%。

③ 取样或试验室拌制的混凝土应在拌制后尽短的时间内成型，一般不宜超过 15min。

④ 根据混凝土拌合物的稠度确定混凝土成型方法，坍落度不大于 70mm 的混凝土宜用振动振实；大于 70mm 的宜用捣棒人工捣实；检验现浇混凝土或预制构件的混凝土，试件成型方法宜与实际采用的方法相同。

2）混凝土试件制作应按下列步骤进行：

① 取样或拌制好的混凝土拌合物应至少用铁锹再来回拌合三次。

② 按普通混凝土力学性能试验方法 GB/T 50080—2002 标准第 5.1.1 条中第 4 款的规定，选择成型方法成型。

③ 成型方法

a. 用振动台振实制作试件应按下述方法进行：

（a）将混凝土拌合物一次装入试模，装料时应用抹刀沿各试模壁插捣，并使混凝土拌合物高出试模口；

（b）试模应附着或固定在符合第 4.2 节要求的振动台上，振动时试模不得有任何跳动，振动应持续到表面出浆为止，不得过振。

b. 用人工插捣制作试件应按下述方法进行：

（a）混凝土拌合物应分两层装入模内，每层的装料厚度大致相等；

（b）插捣应按螺旋方向从边缘向中心均匀进行。在插捣底层混凝土时，捣棒应达到试模底部；插捣上层时，捣棒应贯穿上层后插入下层 20～30mm；插捣时捣棒应保持垂直，不得倾斜。然后应用抹刀沿试模内壁插拔数次；

（c）每层插捣次数按在 10000mm² 截面积内不得少于 12 次；

（d）插捣后应用橡皮锤轻轻敲击试模四周，直至插捣棒留下的空洞消失为止。

c. 用插入式振捣棒振实制作试件应按下述方法进行：

（a）将混凝土拌合物一次装入试模，装料时应用抹刀沿各试模壁插捣，并使混凝土拌合物高出试模口；

（b）宜用直径为 ϕ25mm 的插入式振捣棒，插入试模振捣时，振捣棒距试模底板 10～20mm 且不得触及试模底板，振动应持续到表面出浆为止，且应避免过振，以防止混凝土离析；一般振捣时间为 20s。振捣棒拔出时要缓慢，拔出后不得留有孔洞。

④ 刮除试模上口多余的混凝土，待混凝土临近初凝时，用抹刀抹平。

（6）试件的养护

1）试件成型后应立即用不透水的薄膜覆盖表面。

2）采用标准养护的试件，应在温度为 20±5℃ 的环境中静置一昼夜至二昼夜，然后编号、拆模。拆模后应立即放入温度为 20±2℃，相对湿度为 95％ 以上的标准养护室中养护，或在温度为 20±2℃ 的不流动的 $Ca(OH)_2$ 饱和溶液中养护。标准养护室内的试件应放在支架上，彼此间隔 10~20mm，试件表面应保持潮湿，并不得被水直接冲淋。

3）同条件养护试件的拆模时间可与实际构件的拆模时间相同，拆模后，试件仍需保持同条件养护。

4）标准养护龄期为 28d（从搅拌加水开始计时）。

5）普通混凝土力学性能试验应以三个试件为一组。

（7）试验记录

试件制作和养护的试验记录内容应符合准《普通混凝土力学性能试验方法》GB/T 50081—2002 第 1.0.3 条第 2 款的规定。

（8）立方体抗压强度试验步骤应按下列方法进行：

1）试件从养护地点取出后应及时进行试验，将试件表面与上下承压板面擦干净。测量混凝土试件的尺寸。

2）将试件安放在试验机的下压板或垫板上，试件的承压面应与成型时的顶面垂直。试件的中心应与试验机下压板中心对准，开动试验机，当上压板与试件或钢垫板接近时，调整球座，使接触均衡。

3）在试验过程中应连续均匀地加荷，混凝土强度等级＜C30 时，加荷速度取每秒钟 0.3~0.5MPa；混凝土强度等级≥C30 且＜C60 时，取每秒钟 0.5~0.8MPa；混凝土强度等级≥C60 时，取每秒钟 0.8~1.0MPa。

4）当试件接近破坏开始急剧变形时，应停止调整试验机油门，直至破坏。然后记录破坏荷载。

（9）立方体抗压强度试验结果计算及确定按下列方法进行：

1）混凝土立方体抗压强度应按下式计算：

$$f_{cc} = F/A \qquad (2-50)$$

式中：f_{cc}——混凝土立方体试件抗压强度（MPa）；

F——试件破坏荷载（N）；

A——试件承压面积（mm^2）。

混凝土立方体抗压强度计算应精确至 0.1MPa。

2）强度值的确定应符合下列规定：

① 三个试件测值的算术平均值作为该组试件的强度值（精确至 0.1MPa）；

② 三个测值中的最大值或最小值中如有一个与中间值的差值超过中间值的 15％ 时，则把最大及最小值一并舍去，取中间值作为该组试件的抗压强度值；

③ 如最大值和最小值与中间值的差均超过中间值的 15％，则该组试件的试验结果无效。

3）混凝土强度等级＜C60 时，用非标准试件测得的强度值均应乘以尺寸换算系数，其值为对 200mm×200mm×200mm 试件为 1.05；对 100mm×100mm×100mm 试件为

0.95。当混凝土强度等级≥C60 时，宜采用标准试件；使用非标试件时，尺寸换算系数应由试验确定。

（10）混凝土立方体抗压强度试验报告内容除应满足本标准要求外，还应报告实测的混凝土立方体抗压强度值。

2. 混凝土抗折强度检测

（1）试验目的

通过试验测定混凝土抗折强度，作为评定混凝土质量的主要依据。

（2）主要仪器设备

抗折试验机：试验机应能施加均匀、连续、速度可控的荷载，并带有能使二个相等荷载同时作用在试件跨度 3 分点处的抗折试验装置。

（3）试验步骤

1）试件从养护地取出后应及时进行试验，将试件表面擦干净。

2）在抗折试验机上装置试件，安装尺寸偏差不得大于 1 mm。试件的承压面应为试件成型时的侧面。支承及承压面与圆柱的接触面应平稳、均匀，否则应垫平。

3）施加荷载应保持均匀、连续。当混凝土强度等级＜C30 时，加荷速度取每秒 0.02～0.05MPa；当混凝土强度等级≥C30 且＜C60 时，取每秒钟 0.05～0.08MPa；当混凝土强度等级≥C60 时，取每秒 0.08～0.10MPa，至试件接近破坏时，应停止调整试验机油门，直至试件破坏，然后记录破坏荷载。

4）记录试件破坏荷载的试验机示值及下边缘断裂位置。

（4）结果评定

1）若试件下边缘断裂位置处于二个集中荷载作用线之间，则试件的抗折强度 f_f（MPa）按下式计算（计算结果精确到 0.1MPa）：

$$f_f = FL/bh^2 \tag{2-51}$$

式中：f_f——混凝土抗折强度（MPa）；

　　　　F——试件破坏荷载（N）；

　　　　L——支座跨度（mm）；

　　　　h——试件截面高度（mm）；

　　　　b——试件截面宽度（mm）。

2）强度值的确定应符合下列规定：

① 三个试件值的算术平均值作为该组试件的强度值（精确到 0.1MPa）；

② 三个测值中的最大值或最小值如有一个与中间值的差值超过中间值的 15％时，则把最大及最小值一并舍去，取中间值作为该组试件的抗压强度值；

③ 如最大值和最小值与中间值的差均超过中间值的 15％，则该组试件的试验结果无效。

④ 三个试件中若有一个折断面位于两个集中荷载之外，则混凝土抗折强度值按另两个试件的试验结果计算。若这两个测值的差值不大于这两个测值的较小值的 15％时，则该组试件的抗折强度值按这两个测值的平均值计算，否则该组试件的试验无效。若有两个试件的下边缘断裂位置位于两个集中荷载作用线之外，则该组试件试验无效。

试件为 150mm×150mm×600mm 的棱柱体是标准试件，当试件尺寸为 100mm×

100mm×400mm 非标准试件时，应乘以尺寸换算系数 0.85。

例题

1. 计算下列四组混凝土试块每组的抗压强度值，见表 2-23。

四组混凝土试块每组的抗压强度 ... 表 2-23

组 别	试件尺寸（mm）	载值（kN）
A	150×150×15...	472
B	150×150× ...	
C	100×100...	
D	100×100...	

解：

（1）计算 A 组抗压强度值

$$f_1 = F_1/A = \quad\quad$$
$$f_2 = F_2/A \quad\quad$$
$$f_3 = F_3/ \quad\quad$$

$$(21.0 \quad\quad\quad\quad\quad\quad \%$$
$$(20. \quad\quad\quad\quad\quad\quad .5\%$$

所以取三个试件强度 ... 度代表值，即取 $f_{cu} = (18.9 +$
$20.3 + 21.0)/3 = 20.1$ ...

（2）计算 B 组抗 ...

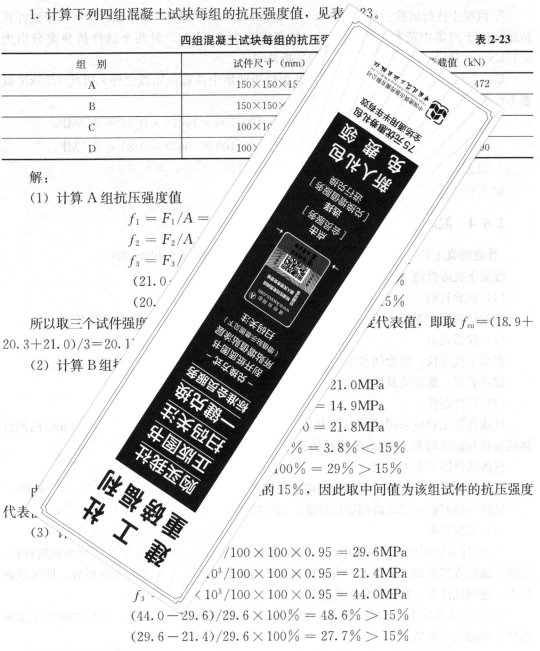

$\quad\quad\quad\quad 21.0\text{MPa}$
$\quad\quad\quad\quad = 14.9\text{MPa}$
$\quad\quad 0 = 21.8\text{MPa}$
$\quad\quad \% = 3.8\% < 15\%$
$\quad 100\% = 29\% > 15\%$

... 的 15%，因此取中间值为该组试件的抗压强度

代表 ...

（3） ...

$$\quad\quad/100 \times 100 \times 0.95 = 29.6\text{MPa}$$
$$\quad\quad 0^3/100 \times 100 \times 0.95 = 21.4\text{MPa}$$
$$f_3 = \quad \times 10^3/100 \times 100 \times 0.95 = 44.0\text{MPa}$$
$$(44.0 - 29.6)/29.6 \times 100\% = 48.6\% > 15\%$$
$$(29.6 - 21.4)/29.6 \times 100\% = 27.7\% > 15\%$$

该组试件的试验结果无效。

（4）计算 D 组抗压强度值

$$f_1 = 465 \times 10^3/100 \times 100 \times 0.95 = 44.2\text{MPa}$$
$$f_2 = 363 \times 10^3/100 \times 100 \times 0.95 = 34.5\text{MPa}$$
$$f_3 = 490 \times 10^3/100 \times 100 \times 0.95 = 46.6\text{MPa}$$
$$(46.6 - 44.2)/44.2 \times 100\% = 5.4\% < 15\%$$

$$(44.2 - 34.5)/44.2 \times 100\% = 21.9\% > 15\%$$

所以取 $f_{cu} = 44.2$MPa。

2. 混凝土抗折试验：采用 $100mm \times 100mm \times 400mm$ 试件，3个试件中有一个试件其折断面位于两集中荷载作用线之外，抗折荷重为 7.95kN，另两个试件抗荷重分别为 8.47kN、8.18kN。试计算该组试件的抗折强度。

解：7.95kN 的抗折荷载其试件折断面位于两集中荷载作用线之外，因此 7.95kN 数据不作为计算数据。

$$f_{f1} = F_1 L/bh^2 = (8.47 \times 10^3 \times 3 \times 100/100 \times 1002) \times 0.85 = 2.2\text{MPa}$$

$$f_{f2} = F_2 L/bh^2 = (8.18 \times 10^3 \times 3 \times 100/100 \times 1002) \times 0.85 = 2.1\text{MPa}$$

$$(2.2 - 2.1)/2.1 \times 100\% = 4.8\% < 15\%$$

取 $f_f = (2.2 + 2.1)/2 = 2.2$MPa

2.6.4 混凝土耐久性能检测

《普通混凝土长期性能和耐久性能试验方法标准》GB/T 50082—2009

混凝土抗渗性能（逐级加压法）

（1）试验目的

通过试验测定混凝土的抗渗等级，作为评定混凝土抗水渗透性能的主要依据。

（2）仪器设备

混凝土抗渗仪：应能使水压按规定的制度稳定的作用在试件上的装置。

加压装置：螺旋或其他形式，其压力以能把试件压入试件套内为宜。

（3）试件制作

抗渗性能试验应采用顶面直径为175mm，底面直径为185mm，高度为150mm的圆台体或直径与高度均为150mm的圆柱体试件（视抗渗设备要求而定）。

抗渗试件以 6 个为一组。

试件成型后 24h 拆模，用钢丝刷刷去两端面水泥浆膜，然后送入标准养护室内养护。

试件一般养护至 28d 龄期进行试验，如有特殊要求，可在其他龄期进行。

（4）试验步骤

1）试件养护至试验前一天取出，将表面晾干，然后在其侧面涂一层熔化的密封材料，随即在螺旋或其他加压装置上，将试件压入烘箱预热过的试件套中，稍冷却后，即可解除压力、连同试件套装在抗渗仪上进行试验。

2）试验从水压为 0.1MPa 开始。以后每隔 8h 增加水压 0.1MPa，并且要随时注意观察试件端面的渗水情况。

3）当 6 个试件中有 3 个试件端面呈有渗水现象时，即可停止试验，记下当时的水压。

4）当试验过程中，如发现水从试件周边渗出，则应停止试验，重新密封。

（5）数据处理与结果判定

混凝土的抗渗等级以每组 6 个试件中 4 个试件未出现渗水时的最大水压力计算，其计算式为：

$$P = 10H - 1 \tag{2-52}$$

式中：P——抗渗等级；

H——6 个试件中 3 个渗水时的压力（MPa）。

2.7 混凝土强度的检验评定

2.7.1 检测依据

《混凝土强度检验评定标准》GB/T 50107—2010

2.7.2 混凝土强度的检验评定

1. 当混凝土的生产条件在较长时间内能保持一致，且同一品种混凝土强度变异性能保持稳定时，应由连续的三组试件组成一个验收批，其强度应同时满足下列要求：

$$m_{f_{cu}} \geqslant f_{cu,k} + 0.7\sigma_0 \tag{2-53}$$

$$f_{cu,min} \geqslant f_{cu,k} - 0.7\sigma_0 \tag{2-54}$$

当混凝土强度等级不高于 C20 时，其强度的最小值尚应满足下式要求：

$$f_{cu,min} \geqslant 0.85 f_{cu,k} \tag{2-55}$$

当混凝土强度等级高于 C20 时，其强度的最小值尚应满足下式要求：

$$f_{cu,min} \geqslant 0.9 f_{cu,k} \tag{2-56}$$

式中：$m_{f_{cu}}$——同一验收批混凝土立方体抗压强度的平均值（N/mm²）；

$f_{cu,k}$——混凝土立方体抗压强度标准值（N/mm²）；

σ_0——验收批混凝土立方体抗压强度的标准差（N/mm²）；

$f_{cu,min}$——同一验收批混凝土立方体抗压强度的最小值（N/mm²）。

2. 当混凝土的生产条件在较长时间内不能保持一致，且混凝土强度变异性不能保持稳定时，或在前一个检验期内的同一品种混凝土没有足够的数据用以确定验收批混凝土立方体抗压强度的标准差时，应由不少于 10 组的试件组成一个验收批，其强度应同时满足下列公式的要求：

$$m_{f_{cu}} - \lambda_1 \cdot S_{f_{cu}} \geqslant f_{cu,k} \tag{2-57}$$

$$f_{cu,min} \geqslant \lambda_2 f_{cu,k} \tag{2-58}$$

式中：$S_{f_{cu}}$——同一验收批混凝土立方体抗压强度的标准差（N/mm²）。

当 $S_{f_{cu}}$ 的计算值小于 2.5MPa 时，取 $S_{f_{cu}} = 2.5$MPa；

λ_1，λ_2——合格判定系数，按表 2-24 取用。

混凝土强度的合格判定系数			表 2-24
试件组数	10~14	15~19	≥20
λ_1	1.15	1.05	0.95
λ_2	0.90	0.85	

混凝土立方体抗压强度的标准差 $S_{f_{cu}}$ 可按下列公式计算：

$$S_{f_{cu}} = \sqrt{\frac{\sum_{i=1}^{n} f_{cu,i}^2 - n m_{f_{cu}}^2}{n-1}} \tag{2-59}$$

式中：$f_{cu,i}$——第 i 组混凝土试件的立方体抗压强度值（N/mm²）；

n——一个验收批混凝土试件的组数。

3. 按非统计方法评定混凝土强度时，其强度应同时满足下列要求，λ_3、λ_4 取值见表 2-25。

$$m_{f_{cu}} \geqslant \lambda_3 f_{cu,k} \qquad (2\text{-}60)$$

$$f_{cu,min} \geqslant \lambda_4 f_{cu,k} \qquad (2\text{-}61)$$

混凝土强度的非统计法合格评定系数 表 2-25

混凝土强度等级	<C60	≥C60
λ_3	1.15	1.10
λ_4	0.95	

4. 当检验结果能满足第 1 条或第 2 条或第 3 条的规定时，则该批混凝土强度判为合格；当不能满足上述规定时，该批混凝土强度判为不合格。

思考题与习题

1. 混凝土是由哪几种材料组成的？

2. 什么是混凝土的和易性？包括有几个方面？和易性的好坏对混凝土的其他性能有什么影响？

3. 混凝土的强度等级是如何确定的？有哪些强度等级？

4. 混凝土的抗渗性和抗冻性如何表示？

5. 普通混凝土配合比设计的基本要求是什么？

6. 如何确定配合比设计中的三个重要参数？

7. 检验某砂的级配，用 500g 烘干试样筛分结果如表 2-26：

500g 烘干试样筛分结果 表 2-26

筛孔尺寸（mm）	4.75	2.36	1.18	0.60	0.30	0.15	<0.15
筛余量（g）	18	69	70	145	101	76	21

试评定该次砂的级配及粗细程度。

8. 有一组边长为 100mm 的混凝土试块，标准养护 28d 送试验室检测，抗压破坏荷载分别为 310kN、300kN、280kN，试计算这组试块的标准立方体强度。

第3章 钢 筋

3.1 钢筋接头质量检验

3.1.1 检测依据

《钢筋焊接及验收规程》JGJ 18—2012
《钢筋机械连接技术规程》JGJ 107—2010

3.1.2 钢筋的焊接及验收

1. 基本规定

钢筋焊接时，各种焊接方法的适用范围应符合表 3-1 规定

钢筋焊接方法的适用范围 表 3-1

焊接方法			接头形式	适用范围	
				钢筋牌号	钢筋直径（mm）
电阻点焊				HPB300	6～16
				HRB335 HRBF335	6～16
				HRB400 HRBF400	6～16
				HRB500 HRBF500	6～16
				CRB550	4～12
				CDW550	3～8
闪光对焊				HPB300	8～22
				HRB335 HRBF335	8～40
				HRB400 HRBF400	8～40
				HRB500 HRBF500	8～40
				RRB400W	8～32
箍筋闪光对焊				HPB300	6～18
				HRB335 HRBF335	6～18
				HRB400 HRBF400	6～18
				HRB500 HRBF500	6～18
				RRB400W	8～18
电弧焊	帮条焊	双面焊		HPB300	10～22
				HRB335 HRBF335	10～40
				HRB400 HRBF400	10～40
				HRB500 HRBF500	10～32
				RRB400W	10～25
		单面焊		HPB300	10～22
				HRB335 HRBF335	10～40
				HRB400 HRBF400	10～40
				HRB500 HRBF500	10～32
				RRB400W	10～25

焊接方法			接头形式	适用范围	
				钢筋牌号	钢筋直径（mm）
电弧焊	搭接焊	双面焊		HPB300	10～22
				HRB335 HRBF335	10～40
				HRB400 HRBF400	10～40
				HRB500 HRBF500	10～32
				RRB400W	10～25
		单面焊		HPB300	10～22
				HRB335 HRBF335	10～40
				HRB400 HRBF400	10～40
				HRB500 HRBF500	10～32
				RRB400W	10～25
	熔槽帮条焊			HPB300	20～22
				HRB335 HRBF335	20～40
				HRB400 HRBF400	20～40
				HRB500 HRBF500	20～32
				RRB400W	20～25
	坡口焊	平焊		HPB300	18～22
				HRB335 HRBF335	18～40
				HRB400 HRBF400	18～40
				HRB500 HRBF500	18～32
				RRB400W	18～25
		立焊		HPB300	18～22
				HRB335 HRBF335	18～40
				HRB400 HRBF400	18～40
				HRB500 HRBF500	18～32
				RRB400W	18～25
	钢筋与钢板搭接焊			HPB300	8～22
				HRB335 HRBF335	8～40
				HRB400 HRBF400	8～40
				HRB500 HRBF500	8～32
				RRB400W	8～25
	窄间隙焊			HPB300	16～22
				HRB335 HRBF335	16～40
				HRB400 HRBF400	16～40
				HRB500 HRBF500	18～32
				RRB400W	18～25

（1）电渣压力焊应用于柱、墙等构筑物现浇混凝土结构中竖向受力钢筋的连接；不得用于梁、板等构件中水平钢筋的连接。

（2）在钢筋工程焊接开工之前，参与该项工程施焊的焊工必须进行现场条件下的焊接工艺试验，应经试验合格后，方准于焊接生产。

（3）钢筋焊接施工之前，应清除钢筋、钢板焊接部位以及钢筋与电极接触处表面上的锈斑、油污、杂物等；钢筋端部当有弯折、扭曲时，应予以矫直或切除。

（4）带肋钢筋进行闪光对焊、电弧焊、电渣压力焊和气压焊时，应将纵肋对纵肋安放和焊接。

（5）焊剂应存放在干燥的库房内，若受潮时，在使用前应经 250～350℃烘烤 2h。使用中回收的焊剂应清除熔渣和杂物，并应与新焊剂混合均匀后使用。

（6）两根同牌号、不同直径的钢筋可进行闪光对焊、电渣压力焊或气压焊。闪光对焊时钢筋径差不得超过 4mm，电渣压力焊或气压焊时，钢筋径差不得超过 7mm。焊接工艺参数可在大、小直径钢筋焊接工艺参数之间偏大选用，两根钢筋的轴线应在同一直线上，轴线偏移的允许值应按较小直径钢筋计算；对接头强度的要求，应按较小直径钢筋计算。

（7）两根同直径、不同牌号的钢筋可进行闪光对焊、电弧焊、电渣压力焊或气压焊，其钢筋牌号应在《钢筋焊接及验收规程》JGJ 18—2012 表 4.1.1 规定的范围内。焊条、焊丝和焊接工艺参数应按较高牌号钢筋选用，对接头强度的要求应按较低牌号钢筋强度计算。

（8）进行电阻电焊、闪光对焊、埋弧压力焊、埋弧螺柱焊时，应随时观察电源电压的波动情况；当电源电压下降大于 5%、小于 8% 时应采取提高焊接变压器级数等措施；当大于或等于 8% 时，不得进行焊接。

（9）在环境温度低于 −5℃ 条件下施焊时，焊接工艺应符合下列要求：

1）闪光对焊时，宜采用预热闪光焊或闪光—预热闪光焊；可增加调伸长度，采用较低变压器级数，增加预热次数和间歇时间。

2）电弧焊时，宜增大焊接电流，降低焊接速度。电弧帮条焊或搭接焊时，第一层焊缝应从中间引弧，向两端施焊；以后各层控温施焊，层间温度应控制在 150～350℃ 之间多层施焊。

（10）当环境温度低于 −20℃ 时，不应进行各种焊接。

（11）雨天、雪天进行施焊时，应采取有效遮蔽措施。焊后未冷却接头不得碰到雨和冰雪，并应采取有效的防滑、防触电措施，确保人身安全。

（12）当焊接区风速超过 8m/s 在现场进行闪光对焊或焊条电弧焊时，当风速超过 5m/s 进行气压焊时，当风速超过 2m/s 进行二氧化碳气体保护电弧焊时，均需采取挡风措施。

（13）焊机应经常维护保养和定期检修，确保正常使用。

2. 焊工要求

（1）从事钢筋焊接施工的焊工必须持有钢筋焊工考试合格证并按照合格证的规定范围上岗操作。

（2）经专业培训结业的学员，或具有独立焊接工作能力的焊工，均应参加钢筋焊工考试。

（3）焊工考试应由经设区市或设区市以上建设行政主管部门审查批准的单位负责进行。对考试合格的焊工应签发考试合格证。

（4）钢筋焊工考试应包括理论知识考试和操作技能考试两部分；经理论知识考试合格的焊工，方可参加操作技能考试。

3. 焊接安全

（1）安全培训与人员管理应符合下列规定：

1）承担钢筋焊接工程的企业应建立健全钢筋焊接安全生产管理制度，并应对实施焊接操作和安全管理人员进行安全培训，经考核合格后方可上岗；

2）操作人员必须按焊接设备的操作说明书或有关规程，正确使用设备和实施焊接操作。

（2）焊接操作及配合人员应按下列规定并结合实际情况穿戴劳动防护用品：

1）焊接人员操作前，应戴好安全帽，佩戴电焊手套、围裙、护腿，穿阻燃工作服；穿焊工皮鞋或电焊工劳保鞋，应戴防护眼镜（滤光或遮光镜）、头罩或手持面罩；

2）焊接人员进行仰焊时，应穿戴皮制或耐火材质的套袖、披肩罩或斗篷，以防头部灼伤。

（3）焊接工作区域的防护应符合下列规定：

1）焊接设备应安放在通风、干燥、无碰撞、无剧烈振动、无高温、无易燃品存在的地方；特殊环境条件下还应对设备采取特殊的防护措施；

2）焊接电弧的辐射及飞溅范围，应设不可燃或耐火板、罩、屏，防止人员受到伤害；

3）焊机不得受潮或雨淋；露天使用的焊接设备应予以保护，受潮的焊接设备在使用前必须彻底干燥并经适当试验或检测；

4）焊接作业应在足够的通风条件下（自然通风或机械通风）进行，避免操作人员吸入焊接操作产生的烟气流；

5）在焊接作业场所应当设置警告标志。

（4）焊接作业区防火安全应符合下列规定：

1）焊接作业区和焊机周围 6m 以内，严禁堆放装饰材料、油料、木材、氧气瓶、溶解乙炔气瓶、液化石油气瓶等易燃、易爆物品；

2）除必须在施工工作面焊接外，钢筋应在专门搭设的防雨、防潮、防晒的工房内焊接；工房的屋顶应有安全防护和排水设施，地面应干燥，应有防止飞溅的金属火花伤人的设施；

3）高空作业的下方和焊接火星所及范围内，必须彻底清除易燃、易爆物品；

4）焊接作业区应配置足够的灭火设备，如水池、沙箱、水龙带、消火栓、手提灭火器。

（5）各种焊机的配电开关箱内，应安装熔断器和漏电保护开关；焊接电源的外壳应有可靠的接地或接零；焊机的保护接地线应直接从接地极处引接，其接地电阻值不应大于 4Ω。

（6）冷却水管、输气管、控制电缆、焊接电缆均应完好无损；接头处应连接牢固，无渗漏，绝缘良好；发现损坏应及时修理；各种管线和电缆不得挪作拖拉设备的工具。

（7）在封闭空间内进行焊接操作时，应设专人监护。

（8）氧气瓶、溶解乙炔气瓶或液化石油气瓶、干式回火防止器、减压器及胶管等，应防止损坏。发现压力表指针失灵，瓶阀、胶管有泄漏，应立即修理或更换；气瓶必须进行定期检查，使用期满或送检不合格的气瓶禁止继续使用。

（9）气瓶使用应符合下列规定：

1）各种气瓶应摆放稳固；钢瓶在装车、卸车及运输时，应避免互相碰撞；氧气瓶不能与燃气瓶、油类材料以及其他易燃物品同车运输；

2）吊运钢瓶时应使用吊架或合适的台架，不得使用吊钩，钢索和电磁吸盘；钢瓶使用完时，要留有一定的余压力；

3）钢瓶在夏季使用时要防止暴晒，冬季使用时如发生冻结、结霜或出气量不足时，应用温水解冻。

（10）贮存、使用、运输氧气瓶、溶解乙炔气瓶、液化石油气瓶、二氧化碳气瓶时，应分别按照原国家质量技术监督局颁发的现行《气瓶安全监察规定》和原劳动部颁发的现行《溶解乙炔气瓶安全监察规程》中有关规定执行。

4. 质量检验与验收

（1）钢筋焊接接头或焊接制品（焊接骨架、焊接网）应按检验批进行质量检验与验收。质量检验与验收应包括外观质量检查和力学性能检验，并划分为主控项目和一般项目两类。

（2）纵向受力钢筋焊接接头验收中，闪光对焊接头、电弧焊接头、电渣压力焊接头、气压焊接头和非纵向受力箍筋闪光对焊接头、预埋件钢筋 T 形接头的连接方式应符合设计要求，并应全数检查，检查方法为目视观察。焊接接头力学性能检验应为主控项目。焊接接头的外观质量检查应为一般项目。

（3）不属于专门规定的电阻焊点和钢筋与钢板电弧搭接焊接头可只做外观质量检查，属一般项目。

（4）纵向受力钢筋焊接接头、箍筋闪光对焊接头、预埋件钢筋 T 形接头的外观质量检查应符合下列规定：

1）纵向受力钢筋焊接接头，每一检验批中应随机抽取 10% 的焊接接头；箍筋闪光对焊接头和预埋件钢筋 T 形接头应随机抽取 5% 的焊接接头。

2）焊接接头外观质量检查时，首先应由焊工对所焊接头或制品进行自检；在自检合格的基础上由施工单位项目专业质量检查员检查，并将检查结果填写"钢筋焊接接头检验批质量验收记录。"

（5）外观质量检测结果，当各小项不合格数均小于或等于抽检数的 15%，则该批焊接接头外观质量评估为合格；当某一小项不合格数超过抽检数的 15% 时，应对该批焊接接头该小项逐个进行复检，并剔出不合格接头。外观质量检测不合格接头采取修整或补焊措施后，可提交二次验收。

（6）施工单位项目专业质量检查员应检查钢筋、钢板质量证明书、焊接材料产品合格证和焊接工艺试验时的接头力学性能试验报告。钢筋焊接接头力学性能检验时，应在接头外观质量检查合格后随机切取试件进行试验。试验方法应按现行行业标准《钢筋焊接接头试验方法标准》JGJ/T 27—2001 有关规定执行。试验报告应包括下列内容：

1）工程名称、取样部位；

2）批号、批量；

3）钢筋生产厂家和钢筋批号、钢筋牌号、规格；

4）焊接方法；

5）焊工姓名及考试合格证编号；

6）施工单位；

7）焊接工艺试验时的力学性能试验报告。

（7）钢筋闪光对焊接头、电弧焊接头、电渣压力焊接头、气压焊接头、箍筋闪光对焊接头、预埋件钢筋 T 形接头的拉伸试验，应从每一检验批接头中随机切取三个接头进行试验并应按下列规定对试验结果进行评定：

1）符合下列条件之一，应评定该检验批接头拉伸试验合格：

① 3 个试验均断于钢筋母材，呈延性断裂，其抗拉强度大于或等于钢筋母材抗拉强度标准值。

② 2 个试件断于钢筋母材，呈延性断裂，其抗拉强度大于或等于钢筋母材抗拉强度标准值；另一试件断于焊缝，呈脆性断裂，其抗拉强度大于或等于钢筋母材抗拉强度标准值的 1.0 倍。

注：试件断于热影响区，呈延性断裂，应视作与断于钢筋母材等同；试件断于热影响区，呈脆性断裂，应视作与断于焊缝等同。

2）符合下列条件之一，应进行复验：

①2个试件断于钢筋母材，呈延性断裂，其抗拉强度大于或等于钢筋母材抗拉强度标准值；另一试件断于焊缝，或热影响区，呈脆性断裂，其抗拉强度小于钢筋母材抗拉强度标准值的1.0倍。

②1个试件断于钢筋母材，呈延性断裂，其抗拉强度大于或等于钢筋母材抗拉强度标准值；另2个试件断于焊缝或热影响区，呈脆性断裂。

3）3个试件均断于焊缝，呈脆性断裂，其抗拉强度均大于或等于钢筋母材抗拉强度标准值的1.0倍，应进行复验。当3个试件中有1个试件抗拉强度小于钢筋母材抗拉强度标准值的1.0倍，应评定该检验批接头拉伸试验不合格。

4）复验时，应切取6个试件进行试验。试验结果，若有4个或4个以上试件断于钢筋母材，呈延性断裂，其抗拉强度大于或等于钢筋母材抗拉强度标准值，另2个或2个以下试件断于焊缝，呈脆性断裂，其抗拉强度大于或等于钢筋母材抗拉强度标准值的1.0倍，应评定该检验批接头拉伸试验复验合格。

5）可焊接余热处理钢筋RRB400W焊接接头拉伸试验结果，其抗拉强度应符合同级别热轧带肋钢筋抗拉强度标准值540MPa的规定。

6）预埋件钢筋T形接头拉伸试验结果，3个试件的抗拉强度均大于或等于表3-2的规定值时，应评定该检验批接头拉伸试验合格。若有一个接头试件抗拉强度小于表3-2的规定值时，应进行复验。

复验时，应切取6个试件进行试验。复验结果，其抗拉强度均大于或等于表3-2的规定值时，应评定该检验批接头拉伸试验复验合格。

预埋件钢筋T形接头抗拉强度规定值   表3-2

钢筋牌号	抗拉强度规定值（MPa）
HPB300	400
HRB335、HRBF335	435
HRB400、HRBF400	520
HRB500、HRBF500	610
RRB400W	520

（8）钢筋闪光对焊接头、气压焊接头进行弯曲试验时，应从每一个检验批接头中随即切取3个接头，焊缝应处于弯曲中心点，弯心直径和弯曲角度应符合表3-3的规定。

接头弯曲试验指标   表3-3

钢筋牌号	弯心直径	弯曲角度（°）
HPB300	2d	90
HRB335、HRBF335	4d	90
HRB400、HRBF400、RRB400W	5d	90
HRB500、HRBF500	7d	90

注：1. d为钢筋直径（mm）
2. 直径大于25mm的钢筋焊接接头，弯心直径应增加1倍钢筋直径。

弯曲试验结果应按照下列规定进行评定：

1）当试验结果，弯曲至 90°，有 2 个或 3 个试件外侧（含焊缝和热影响区）未发生宽度达到 0.5mm 的裂纹，应评定检验批接头弯曲试验合格。

2）当有 2 个试件发生宽度达到 0.5mm 的裂纹，应进行复验。

3）当有 3 个试件发生宽度达到 0.5mm 的裂纹，应评定该检验批接头弯曲试验不合格。

4）复验时，应切取 6 个试件进行试验。复验结果，当不超过 2 个试件发生宽度达到 0.5mm 的裂纹时，应评定该检验批接头弯曲试验复验合格。

（9）钢筋焊接接头或焊接制品质量验收时，应在施工单位自行质量评定合格的基础上，由监理（建设）单位对检验批有关资料进行检查，组织项目专业质量检查员等进行验收。

5. 钢筋闪光对焊

钢筋闪光对焊是将两根钢筋安放成对接形式，利用焊接电流通过两钢筋接触点产生的电阻热，使金属熔化，产生强烈飞溅，形成闪光，迅速施加顶锻力完成的一种压焊方法，是电阻焊的一种。

（1）钢筋闪光对焊分类：

1）连续闪光焊

适用于钢筋直径较小，钢筋牌号较低的条件，所能焊接的钢筋上限直径根据焊机容量、钢筋牌号等具体情况而定，应符合表 3-4 的规定。

连续闪光焊接钢筋上限直径   表 3-4

焊机容量（kV·A）	钢筋牌号	钢筋直径（mm）
160（150）	HPB300	22
	HRB335 HRBF335	22
	HRB400 HRBF400	20
100	HPB300	20
	HRB335 HRBF335	20
	HRB400 HRBF400	18
80（75）	HPB300	16
	HRB335 HRBF335	14
	HRB400 HRBF400	12

连续闪光焊的工艺方法：将钢筋夹紧在对焊机的钳口上，接通电源后，使两钢筋端面局部接触，此时钢筋端面的接触点在高电流密度作用下迅速熔化、蒸发、爆破，呈高温粒状金属从焊口内高速飞溅出来；当旧的接触点爆破后，又形成新的接触点，这就出现连续不断爆破过程，钢筋金属连续不断送进（以一定送进速度适应其焊接过程的烧化速度）。钢筋经过一定时间的烧化，使其焊口达到所需的温度，并使热量扩散到焊口两边，形成一定宽度的温度区，这时，以相当压力予以顶锻，将液态金属排挤在焊口之外，使钢筋焊合，并在焊口周围形成大量毛刺。由于热影响区较窄，故在接合面周围形成较小的凸起，于是，焊接过程结束，两钢筋对接焊成的外形见图 3-1。

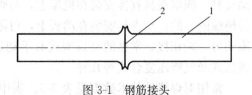

图 3-1 钢筋接头

1—钢筋；2—接头

2）预热闪光焊

在钢筋直径或牌号超出表 3-4 的规定时，如果钢筋端面较平整，则宜采用预热闪光焊。

预热闪光焊的工艺方法：在进行连续闪光焊之前，对钢筋增加预热过程。将钢筋夹紧在对焊机的钳口上，接通电源后，开始以较小的压力使钢筋端面接触，然后又离开，这样不断地离开又接触，每接触一次，由于接触电阻及钢筋内部电阻使焊接区加热，拉开时产生瞬时的闪光。经上述反复多次，接头温度逐渐升高，实现了预热过程。预热后接着进行闪光与顶锻，这两个过程与连续闪光焊一样。

采用 UN2-150 型或 UN17-150-1 型对焊机进行大直径钢筋焊接时，宜首先采取锯割或气割方式对钢筋端面进行平整处理；然后采用预热闪光焊工艺，并应符合下列要求：闪光过程应强烈、稳定；顶锻凸块应垫高；应准确调整并严格控制各过程的起点和止点。

3）闪光-预热闪光焊

适用于钢筋端面不平整的情况。闪光-预热闪光焊是在预热闪光之前再增加闪光过程，使不平整的钢筋端面"闪"成较平整的。

4）焊后热处理

对于Ⅵ级钢筋，应采用预热闪光焊或闪光-预热闪光焊工艺进行焊接。当接头拉伸试验结果发生脆性断裂，或弯曲试验不能达到要求时，尚应在焊机上进行焊后热处理，热处理工艺方法如下：

①待接头冷却至常温，将电极钳口调至最大间距，重新夹紧。

②应采用最低的变压器级数，进行脉冲式通电加热：每次脉冲循环包括通电时间和间歇时间宜为 3s。

③焊后热处理温度就应在 750～850℃（橘红色）范围内选择，随后在环境温度下自然冷却。

（2）钢筋闪光对焊常用焊机

对焊机由机架、导向机构、动夹具、固定夹具、送进机构、夹紧机构、支座（顶座）、变压器、控制系统等几部分组成。

对焊机的全部基本部件紧固在机架上，机架具有足够刚性，并且用强度很高的材料（铸铁、铸钢，或用型钢焊成）制作，故在顶锻时不会导致被焊钢筋产生弯曲；导轨是供动板移动时导向用的，有圆柱形、长方体形或平面形的多种。

送进机构的作用是使被焊钢筋同动夹具一起移动，并保证有必要的顶锻力；它使动板按所要求的移动曲线前进；并且在预热时能往返移动；在工作时没有振动和冲动。按送进机构的动力类型，有手动杠杆式、电动凸轮式、气动式以及气液压复合式等几种。

夹紧机构由两个夹具构成，一个是不动的，称为固定夹具；另一个是可移动的，称为动夹具。固定夹具直接安装在机架上，与焊接变压器次级线圈的一端相接（电气上与机架是绝缘的）的；动夹具安装在动板上，可随动板左右移动，在电气上与焊接变压器次级线圈的另一端相接。常见的夹具型式有手动偏心轮夹紧、手动螺旋夹紧等，也有用气压式、液压式及气液压复合式等几种。

常用对焊机的技术数据见表 3-5。表中计量单位 L 是容积"升"。表中 UN2-150 型对焊机的动夹具传动方式是电动凸轮式，UN17-150-1 型的是气液压复合式，其余三种型号的是手动杠杆挤压弹簧。表中可焊钢筋最大直径的取值根据钢筋强度级别按相应栏中数的范围选用。

常用对焊机的技术数据　　　　　　　　　　　　　　表 3-5

项　目		单　位	型　号				
			UN1-50	UN1-75	UN1-100	UN2-150	UN7-150-1
额定容量		kV·A	50	75	100	150	150
负载持续率		%	25	20	20	20	50
初级电压		V	220/380	220/380	380	380	380
次级电压调节范围		V	2.9～5.0	3.52～7.04	4.5～7.6	4.05～8.10	3.8～7.6
次级电压调节级数		级	6	8	8	16	16
夹具夹紧力		kN	20	20	40	100	160
最大顶锻力		kN	30	30	40	65	80
夹具间最大距离		mm	80	80	40	100	90
动夹具间最大行程		mm	30	30	50	27	30
连续闪光焊时钢筋最大直径		mm	10～12	12～16	16～20	20～25	20～25
预热闪光焊时钢筋最大直径		mm	20～22	32～36	40	40	40
最多焊接件数		件/h	50	75	20～30	80	120
冷却水消耗量		L/h	200	200	200	200	600
外形尺寸	长	mm	1520	1520	1800	2140	2300
	宽	mm	550	550	550	1360	1100
	高	mm	1080	1080	1150	1380	1820
重量		kg	360	445	465	2500	1900

（3）钢筋闪光对焊参数

1）焊接参数

L_1、L_2——调伸长度；a_1+a_2——烧化留量；c_1+c_2——顶锻留量；

$c_1'+c_2'$——有电顶锻留量；$c_1''+c_2''$——无电顶锻留量；

$a_{1.1}+a_{2.1}$——一次烧化留量；$a_{1.2}+a_{2.2}$——二次烧化留量；

b_1+b_2——预热留量。

① 调伸长度：指钢筋焊接前两个钢筋端部从电极钳口伸出的长度。

② 烧化留量：指钢筋在闪光过程中，由于"闪"出金属所消耗的钢筋长度。

③ 顶锻留量：指在闪光过程结束时，将钢筋顶锻压紧后接头处挤出金属而导致消耗的钢筋长度。

④ 预热留量：预热过程所需耗用的钢筋长度。

2）操作参数

① 闪光速度：闪光过程的速度。

② 顶锻速度：指在挤压钢筋接头时的速度。

③ 顶锻压力：将钢筋接头压紧所需要的挤压力。

④ 变压器级数：通过钢筋端部的焊接电流大小，是通过焊接变压器级数调节的。

3）选择要点

① 闪光对焊应选择调伸长度、烧化留量、顶锻留量以及变压器级数等焊接参数。连

续闪光焊的留量应包括烧化留量、有电顶锻留量和无电顶锻留量；闪光-预热闪光焊的留量应包括一次烧化留量、预热留量、二次烧化留量、有电顶锻留量和无电顶锻留量。

② 调伸长度的选择，应随着钢筋牌号的提高和钢筋直径的加大而增长，主要是减缓接头的温度梯度，防止热影响区产生淬硬组织；当焊接 HRB400、HRBF400 等牌号钢筋时，调伸长度宜在 40～60mm 内选用。

③ 烧化留量的选择，应根据焊接工艺方法确定。当连续闪光焊时，闪光过程应较长；烧化留量应等于两根钢筋在断料时切断机刀口严重压伤部分（包括端面的不平整度），再加 8～10mm；当闪光-预热闪光焊时，应区分一次烧化留量和二次烧化留量。一次烧化留量不应小于 10mm，二次烧化留量不应小于 6mm。

④ 需要预热时，宜采用电阻预热法。预热留量应为 1～2mm，预热次数应为 1～4 次；每次预热时间应为 1.5～2s，间歇时间应为 3～4s。

⑤ 顶锻留量应为 3～7mm，并应随钢筋直径的增大和钢筋牌号的提高而增加。其中有电顶锻留量约占 1/3，无电顶锻留量约占 2/3，焊接时必须控制得当。焊接 HRB500 钢筋时，顶锻留量宜稍微增大，以确保焊接质量。

⑥ 变压器级数应根据钢筋牌号、直径、焊机容量以及焊接工艺方法等具体情况选择。

⑦ 当 HRBF335 钢筋、HRBF400 钢筋、HRBF500 钢筋或 RRB400W 钢筋进行闪光对焊时，与热轧钢筋比较，应减小调伸长度，提高焊接变压器级数，缩短加热时间，快速顶锻，形成快热快冷条件，使热影响区长度控制在钢筋直径的 60% 范围之内。

⑧ 操作参数根据钢筋牌号和钢筋直径以及焊机的性能各异。一般情况下，闪光速度应随钢筋直径增大而降低，并在整个闪光过程中要由慢到快；顶锻速度应越快越好；顶锻压力应随钢筋直径增大而增加；变压器级数要随钢筋直径增大而增高，但焊接时如火花过大并有强烈声响，应降低变压器级数。

4）操作要领

要求被焊钢筋平直，经过除锈，安装钢筋于焊机上要放正、夹牢；夹紧钢筋时，应使两钢筋端面的凸出部分相接触，以利均匀加热和保证焊缝（接头处）与钢筋轴线相垂直；烧化过程应该稳定、强烈，防止焊缝金属氧化；顶锻应在足够大的压力下完成，以保证焊口闭合良好和使接头处产生足够的镦粗变形。出现异常现象或焊接缺陷时，宜按表 3-6 查找原因和采取措施，及时消除。

闪光对焊异常现象、焊接缺陷及消除措施　　　　　　　　　　　　　　表 3-6

异常现象和焊接缺陷	措　　施
烧化过分剧烈并产生强烈的爆炸声	1. 降低变压器级数 2. 减慢烧化速度
闪光不稳定	1. 清除电极底部和表面的氧化物 2. 提高变压器级数 3. 加快烧化速度
接头中有氧化膜、未焊透或夹渣	1. 增大预热程度 2. 加快临近顶锻时的烧化程度 3. 确保带电顶锻速度 4. 加快顶锻速度 5. 增大顶锻压力

异常现象和焊接缺陷	措　施
接头中有缩孔	1. 降低变压器级数 2. 避免烧化过程过分强烈 3. 适当增大顶锻留量及顶锻压力
焊缝金属过烧	1. 减小预热程度 2. 加快烧化速度，缩短焊接时间 3. 避免过多带电顶锻
接头区域裂纹	1. 检验钢筋的碳、硫、磷含量；若不符合规定时应更换钢筋 2. 采取低频预热方法，增大预热程度
钢筋表面微熔及烧伤	1. 消除钢筋被夹紧部位的铁锈和油污 2. 消除电极内表面的氧化物 3. 改进电极槽口形状，增大接触面积 4. 夹紧钢筋

6. 钢筋闪光对焊质量检查与验收

（1）分批

在同一台班内，由同一焊工完成的 300 个同牌号、同直径钢筋焊接接头应作为一批。当同一台班内焊接的接头数量较少，可在一周之内累计计算；累计仍不足 300 个接头时，应按一批计算。

（2）外观检查

每一检验批中应随机抽取 10% 的焊接接头作外观检查。检查结果应符合下列要求：

1）对焊接头表面应呈圆滑、带毛刺状，不得有肉眼可见的裂纹；

2）与电极接触处的钢筋表面不得有明显烧伤；

3）接头处的弯折角度不得大于 2°；

4）接头处的轴线偏移不得大于钢筋直径的 1/10，且不得大于 1mm。

检查结果，当外观质量各小项不合格数均小于或等于抽检数的 15% ，则该批焊接接头外观质量评为合格；当某一小项不合格数超过抽检数的 15% 时，应对该批焊接接头较小项逐个进行复检，并剔出不合格接头。对外观检查不合格接头采取修整或焊补措施后，可提交二次验收。

（3）力学性能试验

1）取样

应从每批接头中随机切取 6 个接头，其中 3 个做拉伸试验，3 个做弯曲试验。

2）拉伸试验

① 符合下列条件之一，应评定该检验批接头拉伸试验合格：

a. 3 个试件均断于钢筋母材，呈延性断裂，其抗拉强度大于或等于钢筋母材抗拉强度标准值。

b. 2 个试件断于钢筋母材，呈延性断裂，其抗拉强度大于或等于钢筋母材抗拉强度标准值；另一试件断于焊缝，呈脆性断裂，其抗拉强度大于或等于钢筋母材抗拉强度标准值的 1.0 倍。

注：试件断于热影响区，呈延性断裂，应视作与断于钢筋母材等同；试件断于热影响区，呈脆性断

裂，应视作与断于焊缝等同。

② 符合下列条件之一，应进行复验：

a. 2 个试件断于钢筋母材，呈延性断裂，其抗拉强度大于或等于钢筋母材抗拉强度标准值；另一试件断于焊缝，或热影响区，呈脆性断裂，其抗拉强度小于钢筋母材抗拉强度标准值的 1.0 倍。

b. 1 个试件断于钢筋母材，呈延性断裂，其抗拉强度大于或等于钢筋母材抗拉强度标准值；另 2 个试件断于焊缝或热影响区，呈脆性断裂。

③ 3 个试件均断于焊缝，呈脆性断裂，其抗拉强度均大于或等于钢筋母材抗拉强度标准值的 1.0 倍，应进行复验。当 3 个试件中有 1 个试件抗拉强度小于钢筋母材抗拉强度标准值的 1.0 倍，应评定该检验批接头拉伸试验不合格。

④ 复验时，应切取 6 个试件进行试验。试验结果，若有 4 个或 4 个以上试件断于钢筋母材，呈延性断裂，其抗拉强度大于或等于钢筋母材抗拉强度标准值，另 2 个或 2 个以下试件断于焊缝，呈脆性断裂，其抗拉强度大于或等于钢筋母材抗拉强度标准值的 1.0 倍，应评定该检验批接头拉伸试验复验合格。

3）弯曲试验

进行弯曲试验时，焊缝应处于弯曲中心点，弯心直径和弯曲角度应符合表 3-7 的规定。

接头弯曲试验指标 表 3-7

钢筋牌号	弯心直径	弯曲角度（°）
HPB300	2d	90
HRB335、HRBF335	4d	90
HRB500、HRBF500	5d	90

注：1. d 为钢筋直径（mm）；
2. 直径大于 25mm 的钢筋焊接接头，弯心直径应增加 1 倍钢筋直径。

弯曲试验结果应按下列规定进行评定：

① 当试验结果，弯曲至 90°，有 2 个或 3 个试件外侧（含焊缝和热影响区）未发生宽度达到 0.5mm 的裂纹，应评定该检验批接头弯曲试验合格。

② 当有 2 个试件发生宽度达到 0.5mm 的裂纹，应进行复验。

③ 当有 3 个试件发生宽度达到 0.5mm 的裂纹，应评定该检验批接头弯曲试验不合格。

④ 复验时，应切取 6 个试件进行试验。复验结果，当不超过 2 个试件发生宽度达到 0.5mm 的裂纹时，应评定该检验批接头弯曲试验复验合格。

7. 电渣压力焊

（1）工作原理

钢筋电渣压力焊是将两钢筋安放成竖向对接形式，利用焊接电流通过两钢筋间隙，在焊剂层下形成电弧过程和电渣过程，产生电弧热和电阻热，熔化钢筋，加压完成的一种压焊方法。

电渣压力焊的焊接过程包括四个阶段：引弧过程、电弧过程、电渣过程和顶压过程。

焊接开始时，首先在上、下两钢筋端面之间引燃电弧，使电弧周围焊剂熔化形成空穴；随之焊接电弧在两钢筋之间燃烧，电弧热将两钢筋端部熔化，熔化的金属形成熔池，熔融的焊剂形成熔渣（渣池），覆盖于熔池之上，此时，随着电弧的燃烧，上、下两钢筋端部逐渐熔化，将上钢筋不断下送，以保持电弧的稳定，继续电弧过程；随电弧过程的延续，两钢筋端部熔化量增加，熔池和渣池加深，待达到一定深度时，加快上钢筋的下送速度，使其端部直接与渣池接触，这时，电弧熄灭而变电弧过程为电渣过程；待电渣过程产生的电阻热使上、下两钢筋的端部达到全截面均匀加热的时候，迅速将上钢筋向下顶压，挤出全部熔渣和液态金属，随即切断焊接电源，完成了焊接工作。

电渣压力焊应用于现浇钢筋混凝土结构中竖向或斜向（倾斜度不大于10°）钢筋的连接。故电渣压力焊应用于柱、墙等构筑物现浇混凝土结构中竖向受力钢筋的连接，不得用于梁、板等构件中水平钢筋的连接。

（2）焊接设备和材料

1）焊接机具

① 焊接电源

电渣压力焊可采用交流或直流焊接电源，焊机容量应根据所焊钢筋的直径选定。由于电渣压力焊机的生产厂家很多，产品设计各不相同，所以配用焊接电源的型号也不同，常用的多为弧焊电源（电弧焊机），如 BX3-500 型、BX3-630 型、BX3-750 型、BX3-1000 型等。

② 焊接夹具

焊接夹具由立柱、传动机械、上、下夹钳、焊剂筒等组成，其上安装有监控器，即控制开关、次级电压表、时间显示器（蜂鸣器）等，焊接夹具应具有足够的刚度，在最大允许荷载下应移动灵活，操作便利；焊剂筒的直径应与所焊钢筋直径相适应；监控器上的附件（如电压表、时间显示器等）应配备齐全。

③ 控制箱

控制箱的主要作用是通过焊工操作，使弧焊电源的初级线接通或断开，控制箱正面板上装有初级电压表、电源开关、指示灯、信号电铃等，也可刻制焊接参数表，供操作人员参考。

2）焊剂

① 焊剂的作用

熔化后产生气体和熔渣，保护电弧和熔池，保护焊缝金属，更好地防止氧化和氮化；减少焊缝金属中化学元素的蒸发和烧损；使焊接过程稳定；具有脱氧和掺合金的作用，使焊缝金属获得所需要的化学成分和力学性能；焊剂熔化后形成渣池，电流通过渣池产生大量的电组热；包括被挤出的液态金属和熔渣，使接头获得良好盛开；渣壳对接头有保温和缓冷作用。

② 常用焊剂

焊剂牌号为"焊剂×××"其中第一位数字表示焊剂中氧化锰含量，第二位数字表示二氧化硅和氟化钙含量，第三个数字表示同一牌号焊剂的不同品种。

施工中最常用的焊剂牌号为"焊剂431"，它是高锰、高硅、低氟类型的，可交、直流两用，适合于焊接重要的低碳钢钢筋及普通低合金钢钢筋。与"焊剂432"性能相近的还有"焊剂350"、"焊剂360"、"焊剂430"、"焊剂433"等。

"焊剂"亦可写成"HJ"如"焊剂431"写成"HJ431"。

有关部门正在研制专用电渣压力焊的焊剂。

(3) 操作要点

1) 工艺过程

① 工作示意见图3-2。操作前应将钢筋待焊端部约150mm范围内的铁锈、杂物以及油污清除干净;要根据竖向钢筋接头的高度搭设必要的操作架子,确保工人扶直钢筋时操作方便,并防止钢筋在夹紧后晃动。

② 焊接夹具的上、下钳口应夹紧于上、下钢筋的适当位置,钢筋一经夹紧不得晃动。

③ 引弧宜采用铁丝圈或焊条引弧法,就是在两钢筋的间隙中预先安放一个引弧铁丝圈(高约10mm)或1根焊条芯(直径为3.2mm,高约10mm),由于铁丝(焊条芯)细,电流密度大,便立即熔化、蒸发,原子电离而引弧;亦可采用直接引弧法,就是将上钢筋与下钢筋接触,接通焊接电源后,即将上钢筋提升2～4mm,引燃电弧。

④ 经过四阶段的焊接过程(引弧、电弧、电渣、顶压)之后,接头焊毕应稍作停歇,方可回收焊剂和卸下焊接夹具,敲去渣壳后,四周焊包凸出钢筋表面的高度,当钢筋直径为25mm及以下时不得小于4mm;当钢筋直径为28mm及以上时不得小于6mm(见图3-3)。

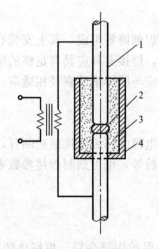 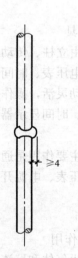

图3-2　工作示意图　　　　　图3-3　钢筋直径≤25mm
1—钢筋;2—铁丝圈;3—焊剂;4—焊剂筒

⑤ 焊接注意事项:

焊剂应存放在干燥的库房内,若受潮时,在使用前应经250～350℃烘焙2h;使用中回收的焊剂应清除熔渣和杂物,并应与新焊剂混合均匀后使用。

焊前应随时观察电源电压的波动情况,当电源电压下降大于5%,小于8%时,应采取提高焊接变压器级数等措施;当大于或等于8%时,不得进行焊接。

2) 焊接参数

电渣压力焊的焊接参数应包括焊接电流、焊接电压和焊接通电时间,并应符合表3-8的规定。

电渣压力焊焊接参数

表 3-8

钢筋直径（mm）	焊接电流（A）	焊接电压（V）		焊接通电时间（S）	
		电弧过程 $U_{2.1}$	电渣过程 $U_{2.2}$	电弧过程 t_1	电渣过程 t_2
12	280～320			12	2
14	300～350			13	4
16	300～350			15	5
18	300～350			16	6
20	350～400	35～45	22～27	18	7
22	350～400			20	8
25	350～400			22	9
28	400～450			25	10
32	450～500			30	11

对不同直径的钢筋进行焊接时，应按较细钢筋的直径选择参数；焊接时间可适当延长。

3）焊接缺陷及消除

在焊接生产中，焊工应随时进行自检，当发现焊接接头有偏心、弯折、烧伤等缺陷时，应按表 3-9 查找原因和采取措施，及时消除。

电渣压力焊接头焊接缺陷及消除措施

表 3-9

焊接缺陷	措　施
轴线偏移	1. 矫直钢筋端部 2. 正确安装夹具和钢筋 3. 避免过大的顶压力 4. 及时修理或更换夹具
弯折	1. 矫直钢筋端部 2. 注意安装和扶持上钢筋 3. 避免焊后快卸夹具 4. 修理或更换夹具
咬边	1. 减小焊接电流 2. 缩短焊接时间 3. 注意上钳口的起点和止点，确保上钢筋顶压到位
未焊合	1. 增大焊接电流 2. 避免焊接时间过短 3. 检修夹具，确保上钢筋下送自如
焊包不匀	1. 钢筋端面力求平整 2. 填装焊剂尽量均匀 3. 延长焊接时间，适当增加熔化量
烧伤	1. 钢筋导电部位除净铁锈 2. 尽量夹紧钢筋
焊包下淌	1. 彻底封堵焊剂筒的漏孔 2. 避免焊后过快回收焊剂

8. 电渣压力焊质量检查与验收

（1）外观检查

接头应逐个进行外观检查，检查结果应符合下列规定：

1）四周焊包凸出钢筋表面的高度，当钢筋直径为 25mm 及以下时，不得小于 4mm；当钢筋直径为 28mm 及以上时，不得小于 6mm。

2）钢筋与电极接触处，应无烧伤缺陷。

3）接头处的弯折角度不得大于 2°。

4）接头处的轴线偏移不得大于 1mm。

（2）力学性能的试验

1）取样

① 在现浇钢筋混凝土结构中，应以 300 个同牌号钢筋接头作为一批。

② 在房屋结构中，应在不超过连续二楼层中 300 个同牌号钢筋接头作为一批；当不足 300 个接头时，仍应作为一批。

③ 每批随机切取 3 个接头试件做拉伸试验。

2）评定

同钢筋闪光对焊接头。

9. 钢筋气压焊

钢筋气压焊是采用氧乙炔焰对钢筋对接处进行加热，使其达到塑性状态后，施加适当压力，形成牢固对焊接头的方法。

钢筋气压焊可用于钢筋在垂直位置、水平位置或倾斜位置的对接焊接；当两钢筋直径不同时，其两直径的差值不得大于 7mm。

（1）基本设备

1）供气装置

包括氧气瓶、溶解乙炔气瓶或液化石油气瓶、减压器及胶管等；溶解乙炔气瓶或液化石油气瓶出口处应安装干式回火防止器。

溶解乙炔气瓶的供气能力应满足现场最大直径钢筋焊接时的供气量要求；若不够使用时，可多瓶并联使用。

2）多嘴环管加热器

多嘴环管加热器是由氧-乙炔混合室与加热圈组成的加热器具。

3）加压器

由油泵、油压表、油管、顶压油缸组成的压力源装置。

4）焊接夹具

为保证能将钢筋夹紧、安装定位，并施加轴向压力所采用的夹具。

（2）使用要求

1）多嘴环管加热器中氧-乙炔混合室的供气量应满足加热圈气体消耗量的需要；多嘴环管加热器应配备多种规格的加热圈，以满足各不同直径钢筋焊接的需要；多嘴环管加热器的多束火焰应燃烧均匀，调整火焰方便。

2）加压器的加压能力应不小于现场最大直径钢筋焊接时所需要的轴向压力；顶压油缸的有效行程应不小于最大直径钢筋焊接时获得所需要的压缩长度。

3）焊接夹具应能夹紧钢筋，当钢筋承受最大轴向压力时，钢筋与夹头之间不得产生相对滑移；应便于钢筋的安装定位，并在施焊过程中保持刚度；动夹头应与定夹头同心，并且当不同直径钢筋焊接时，亦应保持同心；动夹头的位移应大于或等于现场最大直径钢筋焊接时所需要的压缩长度。

（3）工艺要求

采用固态气压焊时，其焊接工艺应符合下列规定：

1）焊前钢筋端面应切平、打磨，使其露出金属光泽，钢筋安装夹牢，预压顶紧后，两钢筋端面局部间隙不得大于3mm。

2）气压焊加热开始至钢筋端面密合前，应采用碳化焰集中加热；钢筋端面密合后可采用中性焰宽幅加热；钢筋端面合适加热温度应为1150～1250℃；钢筋墩粗区表面的加热温度应稍高于该温度，并随钢筋直径增大而适当提高。

3）气压焊顶压时，对钢筋施加的顶压力应为30～40MPa。

4）三次加压法的工艺过程应包括：预压、密合和成型3个阶段。

5）当采用半自动钢筋固态气压焊时，应使用钢筋常温直角切断机断料，两钢筋端面间隙应控制在1～2mm，钢筋端面应平滑，可直接焊接。

（4）焊接缺陷及消除

在焊接生产中，焊工应随时进行自检，当发现焊接接头有缺陷时，应按表3-10查找原因和采取措施，及时消除。

气压焊接头焊接缺陷及消除措施   表3-10

焊接缺陷	产生原因	措施
轴线偏移（偏心）	1. 焊接夹具变形，两夹头不同心，或夹具刚度不够 2. 两钢筋安装不正 3. 钢筋接合端面倾斜 4. 钢筋未夹紧就进行焊接	1. 检查夹具，及时修理或更换 2. 重新安装夹紧 3. 切平钢筋端面 4. 夹紧钢筋再焊
弯折	1. 焊接夹具变形，两夹头不同心 2. 焊接夹具拆卸过早	1. 检查夹具，及时修理或更换 2. 熄火后半分钟再拆夹具
镦粗直径不够	1. 焊接夹具动夹头有效行程不够 2. 顶压油缸有效行程不够 3. 加热温度不够 4. 压力不够	1. 检查夹具和预压油缸，及时更换 2. 采用适宜的加热温度及压力
镦粗长度不够	1. 加热幅度不够宽 2. 顶压力过大过急	1. 增大加热温度 2. 加压时应平稳
钢筋表面严重烧伤	1. 火焰功率过大 2. 加热时间过长 3. 加热器摆动不匀	调整加热火焰，正确掌握操作方法
未焊合	1. 加热温度不够或热量分布不均 2. 顶压力过小 3. 接合端面不洁 4. 端面氧化 5. 中途灭火焰不当	合理选择焊接参数，正确掌握操作方法

10. 钢筋气压焊质量检查与验收

（1）外观检查

接头应逐个进行外观检查，检查结果应符合下列规定：

1）接头处的轴线偏移 e 不得大于钢筋直径的1/10，且不得大于1mm（图3-4a）；当不同直径钢筋焊接时，应按较小钢筋直径计算；当大于上述规定值，但在钢筋直径的3/10

以下时，可加热矫正；当大于 3/10 时，应切除重焊。

2）接头处表面不得有肉眼可见的裂纹。

3）接头处的弯折角度不得大于 2°；当大于规定值时，应重新加热矫正。

4）固态气压焊接头镦粗直径 d_c 不得小于钢筋直径的 1.4 倍，熔态气压焊接头镦粗直径 d_c 不得小于钢筋直径的 1.2 倍（图 3-4b）；当小于上述规定值时，应重新加热镦粗。

5）镦粗长度 L_c 不得小于钢筋直径的 1.0 倍，且凸起部分平缓圆滑（图 3-4）；当小于上述规定值时，应重新加热镦长。

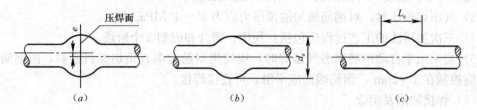

图 3-4　钢筋气压焊接头外观质量图解

(a) 轴线偏移；(b) 镦粗直径；(c) 镦粗长度

（2）力学性能试验

1）取样

① 在现浇钢筋混凝土结构中，应以 300 个同牌号钢筋接头作为一批；在房屋结构中，应在不超过连续二楼层中 300 个同牌号钢筋接头作为一批；当不足 300 个接头时，仍应作为一批。

② 在柱、墙的竖向钢筋连接中，应从每批接头中随机切取 3 个接头做拉伸试验；在梁、板的水平钢筋连接中，应另切取 3 个接头做弯曲试验。

③ 在同一批中，异径钢筋气压焊接头可只做拉伸试验。

2）评定

同钢筋闪光对焊接头。

3.1.3　钢筋的机械连接及验收

1. 套筒冷挤压连接

套筒冷挤压连接工艺见图 3-5。

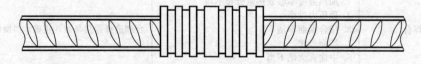

图 3-5　套筒冷挤压连接工艺

套筒挤压连接方法是将需要连接的钢筋（应为带肋钢筋）端部插入特制的钢套筒内，利用挤压机压缩钢套筒，使它产生塑性变形，靠变形后的钢套筒与带肋钢筋的机械咬合紧固力来实现钢筋的连接。这种连接方法一般用于直径为 16～40mm 的Ⅱ级、Ⅲ级钢筋（包括余热处理钢筋），分径向挤压和轴向挤压两种。

径向挤压

有关按径向作套筒挤压连接的方法应符合《带肋钢筋套筒挤压连接技术规程》JGJ 108—1996 的要求。

1）一般情况

性能等级分 A 级和 B 级二级；不同直径的带肋钢筋亦可采用挤压连接法，当套筒两端外径和壁厚相等时，被连接钢筋的直径相差不应大于 5mm。

2）工艺原理

设备布置示意如图 3-6 所示。挤压机吊挂于小车的架子上，靠平衡器的卷簧张紧力变化调节其高度，并平衡重量，使操作人员手持挤压机基本上处于无重状态；挤压机由安装在小车上的高压油泵提供压力源。

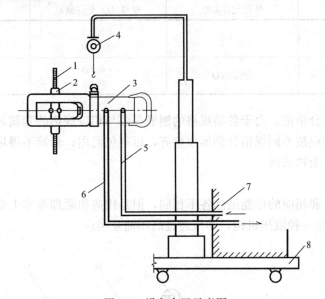

图 3-6　设备布置示意图

1—钢筋；2—套筒；3—挤压机；4—平衡器；5—进油管；6—出油管；7—油泵；8—小车

3）套筒

套筒材料应选用适合于压延加工的钢材，其实测力学性能应符合表 3-11 的要求。

套筒材料的力学性能　　　　　　　　　　　　　　表 3-11

项　　目	指　　标
屈服强度（N/mm²）	225～350
抗拉强度（N/mm²）	375～500
伸长率 A（％）	20
洛氏硬度（HRB） 〔或布氏硬度（HB）〕	60～80 〔102～133〕

按机械连接件技术性能的基本要求，套筒和承载力要求可写成以下二式：

$$f_{\text{slyk}} A_{\text{s}_1} \geqslant 1.1 A_{\text{s}} f_{\text{yk}} \tag{3-1}$$

$$f_{\text{sltk}} A_{\text{s}_1} \geqslant 1.1 f_{\text{tk}} A_{\text{s}} \tag{3-2}$$

式中 f_{slyk}——套筒的屈服强度标准值；

$\quad\quad f_{sltk}$——套筒的抗拉强度标准值；

$\quad\quad f_{yk}$——钢筋的屈服强度标准值；

$\quad\quad f_{tk}$——钢筋的抗拉强度标准值；

$\quad\quad A_{s_1}$——套筒的横截面面积；

$\quad\quad A_s$——钢筋的横截面面积。

套管的几何尺寸和所用材料的材质应与一定的挤压工艺相配套，必须由特别检验认定，套筒的尺寸偏差宜符合表 3-12 的要求。

套筒尺寸的允许偏差（mm）　　　　　　　　　　　表 3-12

套筒外径 D	外径允许偏差	壁厚（t）允许偏差	长度允许偏差
≤50	±0.5	+0.12t −0.10t	±2
>5	±0.01D	+0.12t −0.10t	±2

套筒应有出厂合格证。由于各类规格的钢筋都要与相应规格的套筒相匹配，因此，套筒在运输和储存中应按不同规格分别堆放整齐，以避免混用；套筒不得堆放于露天，以免产生锈蚀或被泥沙杂物沾污。

4）挤压机

挤压机的型号和相应的性能虽然各不相同，但是构造和原理基本上是一样的，它的工作示意如图 3-7，是一种液压机构，油压通过高压油泵实现。

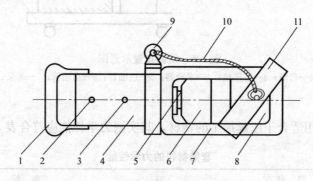

图 3-7

1—把手；2—进油口；3—回油口；4—缸体；5—活塞；
6—动压模；7—机架；8—定压模；9—吊环；10—链条；11—卡板

钢筋连同套筒放在挤压机机架内的压模中，高压油液输入油缸并压出活塞，带动压模前进，并将套筒挤压在动压模与定压模之间。定压模用卡板与机架相连，并可从机架中抽出，以便放进或退出钢筋。

挤压机的型号有多种，额定工作压力，（油液压强）可达 50～100N/mm² （一般称为"超高压"），额定挤压力可达 750～1000kN。常用的几种挤压机技术数据列于表 3-13。

项 目		单 位	型 号		
			GYJ25	GYJ32	GYJ40
额定工作压力		N/mm	80	80	80
额定挤压力		kN	760	760	900
外形尺寸	直径	mm	150	150	170
	长	mm	433	480	530
重量（不带压模）		kg	23	27	34
压模	可配压模型号		M18，M20，M22，M25	M20，M22，M25，M28，M32	M32，M36，M40
	可连接钢筋的直径	mm	18～25	20～32	32～40
	重量	kg/套	5.6	6	7

5）操作要点

a. 使用挤压设备（挤压机、油泵、输油软管等整套）前应对挤压力进行标定（挤压力大小通过油压表读数控制）。有下列情况之一的就应标定：挤压设备使用前；旧挤压设备大修后；油压表强烈振动后；套筒压痕异常且其他原因时；挤压设备使用超过一年；已挤压的接头数超过 5000 个。

b. 要事先检查压模、套筒是否与钢筋相互配套，压模上应有相对应的连接钢筋规格标记。挤压操作时采用的挤压力、压模宽度、压痕直径或挤压后套筒长度的波动范围以及挤压道数，均应符合接头技术提供单位所确定的技术参数要求。

c. 钢筋下料切断要无齿锯，使钢筋端面与它的轴线相垂直。不得用钢筋切断机或气割下料。

d. 高压泵所用的油液应过滤，保持清洁，油箱应密封，防止雨水、灰尘混入油箱。

e. 配套的钢筋、套筒在使用前都应检查，要清理压接部位的不洁（锈皮、泥沙、油污等）；要检查配套是否合适，并进行试套，如果发现钢筋有弯折、马蹄形（个别违规用钢筋切断机切断的才会出现这样的端面）或纵肋尺寸过大的，应予以矫正或用手持砂轮修磨。

f. 将钢筋插入套筒内，要使深入的长度符合预定要求，即钢筋端头离套筒长度中点不宜超过 10mm（在钢筋上画记号，以与套筒端面齐平）；对正压模位置，并使压模运动方向与钢筋两纵肋所在的平面相垂直，以保证最大压接面能处在钢筋的横肋上。

g. 可采用两种压接顺序：一种是在施工现场的作业工位上，通过套筒一次性地将两根钢筋压接（宜从套筒中央开始，并依次向两端挤压）；另一种是预先将套筒与 1 根钢筋压接，然后安装在作业工位上，插入待接钢筋后再挤压另一端套筒。

h. 操作过程中应特别注意施工安全，应遵守高处作业安全规程以及各种设备的使用规程，尤其要对高压油液的有关系统给予充分关照（例如高压油泵的安全阀调整、防止输油管在负重或充压条件下拖拉以及被尖利物品刻划、各处接点的紧密可靠性等）。

i. 要求压接操作和所完成的钢筋接头没有缺陷，如果在施工过程中发生异常现象或接头有缺陷，就应及时处理防治。发生异常现象和缺陷除了与操作因素有直接关系之处，还与所用设备有关，防治措施可参看表 3-14。

异常现象和缺陷	防治措施
挤压机无挤压力	1. 高压油管连接位置不正确，应纠正 2. 油泵故障，应检查排除
压痕分布不均匀	压接时要就将压头与套筒上画的分格标志对正
接头弯折	1. 压接时摆正钢筋 2. 切除或矫直钢筋有弯的端头
压接程度不够	1. 检查油泵和管线是不是有漏油而导致泵压不足 2. 检查套筒材质是不是符合要求
钢筋伸入套筒内长度不够	在钢筋上准确地画记号，并与套筒端面对齐
压痕深度明显不均	1. 检查套筒材质是不是符合要求 2. 检查钢筋在套筒内是不是有压空现象（钢筋伸入长度不够）

2. 套筒冷挤压连接接头的施工现场检验与验收

套筒挤压钢筋接头的安装质量应符合下列要求：

（1）钢筋端部不得有局部弯曲，不得有严重锈蚀和附着物；

（2）钢筋端部应有检查插入套筒深度的明显标记，钢筋端头离套筒长度中点不宜超过10mm；

（3）挤压应从套筒中央开始，依次向两端挤压，压痕直径的波动范围应控制在供应商认定的允许波动范围内，并提供专用量规进行检验；

（4）挤压后的套筒不得有肉眼可见裂纹。

3. 钢筋剥肋滚轧直螺纹连接

随着建筑业的蓬勃发展，钢筋混凝土结构的跨度和规模越来越大，钢筋用量显著增加，钢筋直径和布筋密度也越来越大。粗直径钢筋的连接方法，成为结构设计与施工的关键之一，直接影响建设工程质量、施工进度和经济效益。

（1）工艺特点

钢筋剥肋滚轧直螺纹连接技术是在钢筋直螺纹连接技术的基础上发展起来的一项新技术，它与传统的焊接工艺及其他机械连接技术相比，具有如下特点：

1）螺纹牙型好，精度高，连接质量稳定可靠，连接强度高；

2）连接接头具有优良的抗疲劳性能及抗低温性能，接头可通过 200 万次疲劳试验和零下 40℃低温试验；

3）操作简单，施工速度快。螺纹加工提前制作，现场装配作业；

4）应用范围广，适用于直径 16～40mm Ⅱ、Ⅲ级钢筋在各种方位同、异直径的连接；

5）接头质量受人为因素影响小，现场施工不受气候条件影响；

6）无污染，无火灾及爆炸隐患，施工安全可靠；

7）节约能源，耗电低，设备功率仅为 3～4kW。

（2）工艺原理

钢筋剥肋滚轧直螺纹连接技术是先将钢筋待连接部分的横肋和纵肋剥切处理后，使钢筋滚丝前的柱体直径达到同一尺寸，再进行螺纹滚轧成型，然后利用连接套筒进行连接，使钢筋丝头与连接套筒连接为一体，从而实现了等强度连接的目的。

（3）工艺流程

钢筋端面平头——剥肋滚压螺纹——丝头质量检验——钢筋就位——利用套筒连接——作标记——接头质量检验——完成

（4）操作要点

1）连接所用的钢筋要有产品出厂合格证，产品性能检测报告，以及材料进场复验报告；连接套筒要采用优质碳素结构或其他经型式检验确定符合要求的钢材，且材料表面应光洁，不允许有严重锈蚀、油脂等质量缺陷，合格的材料是保证工程质量的前提条件。

2）进场钢筋端头的切割质量都比较粗糙，端面翘曲不平，不能直接用于连接，需要进行再次切割。一般宜采用砂轮切割机或其他专用切断设备，严禁气割，以确保钢筋待连接端面平头，平头的目的是让钢筋端面与母材轴线方向垂直，并使钢筋连接端面之间充分接触。

3）钢筋丝头加工是该工艺关键之一，它是在钢筋剥肋滚压直螺纹机上直接完成，该设备集钢筋剥肋与螺纹滚压于一身，一次装卡即可完成。该道工序需要 3 人协作完成，1 人操作设备，2 人搬运钢筋。为确保钢筋丝头加工质量，3 名操作人员均须经过专业技术培训，严格考核，持证上岗。

4）钢筋丝头经检验合格后，要立即套上专用的钢筋丝头保护帽或与相应连接套筒，将钢筋丝头保护起来，同时要注意在连接套筒的另一端按上塑料防护帽。切不可将加工好的钢筋随意搬运或堆放，以防丝头被磕碰或被污物污染而影响钢筋接头质量。

5）钢筋连接前，钢筋丝纹和连接套筒丝纹要逐个进行检查，确保其完好无损，如果发现丝纹表面有杂质，应清除干净。安装时，首先把连接套筒的一端安装在基本钢筋的端头上，用扳手或管钳等工具将其拧紧到位，然后把导向对中钳夹紧连接套筒，将待接钢筋通过导向夹钳中孔对中，拧入连接套筒内拧紧到位，即可完成连接。卸下工具后随即检验，不合格的立即纠正，合格的接头作上标记，与未拧紧的接头区分开来，以防有的钢筋接头漏拧，并认真做好现场记录工作。

4．钢筋剥肋滚轧直螺纹连接质量检验

直螺纹钢筋接头的安装质量应符合下列要求：

（1）安装接头时可用管钳扳手拧紧，应使钢筋丝头在套筒中央位置相互顶紧。标准型接头安装后的外露螺纹不宜超过 2 螺距。

（2）安装后应用扭力扳手校核拧紧扭矩，拧紧扭矩值应符合本规程表 3-15 的规定。

直螺纹接头安装时的最小拧紧扭矩值　　　　表 3-15

钢筋直径（mm）	≤16	18～20	22～25	28～32	36～40
拧紧扭矩值（N·m）	100	200	260	320	360

（3）校核用扭力扳手的准确度级别可选用 10 级。

5．锥螺纹连接

钢筋锥螺纹连接所成的接头就是将钢筋需要连接的端部加工成锥形螺纹（简称丝头），通过锥螺纹连接套把两根带丝头的钢筋按规定施加力矩值，从而连接为一体的钢筋接头。有关应用锥螺纹连接的方法应符合《钢筋锥螺纹接头技术规程》JGJ 109—1996 的要求。

（1）一般情况

锥螺纹连接套的材料宜用 45 号优质碳素结构钢或其他试验确认符合要求的钢材。

按《钢筋锥螺纹接头技术规程》规定:"锥螺纹连接套的受拉承载力不应小于被连接钢筋的受拉承载力标准值的 1.10 倍。"(其中"受拉承载力"在《钢筋机械连接通用技术规程》写为"抗拉承载力标准值"),由于连接套用含碳量较高的钢材制作,故不控制屈服承载力标准值。性能等级分 A 级和 B 级两级。

采用螺纹套连接时,丝头制成锥形的,成为锥螺纹,目的是使连接套局部壁厚不致过分减小,从而有利于改善连接套受力条件。

(2)主要机具

1)钢筋套丝机:是用于加工钢筋连接端锥螺纹的机器,型号为 SZ-50A,可套制直径为 16~40mm 的Ⅱ级、Ⅲ级钢筋的丝头。

2)量规:包括牙形规、卡规或环规、塞规,均应由钢筋连接技术提供单位配套提供。

3)力矩扳手:力矩扳手供钢筋与连接套拧紧用,并用以测力。它可以按所连接钢筋直径的大小,设定拧紧力矩值进行控制,达到该值,就发出声响信号。

4)砂轮锯:用于切断翘曲的钢筋端头。

(3)操作要点

1)钢筋下料可用切断机或砂轮锯,但不得用气割切割。钢筋下料要求它的端面与轴线垂直,端头不出现翘曲或马蹄形。

2)加工的钢筋锥螺纹丝头的锥度、牙形、螺距等必须与连接套的锥度、牙形、螺距一致,且经配套的量规检测合格。

锥螺纹丝头牙形检验要求:牙形饱满,无断牙、秃牙缺陷,且与牙形规的牙形吻合;牙形表面光洁。如图 3-8 所示牙形检验牙形示意图。

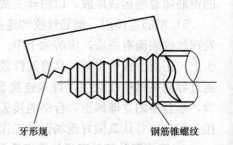

牙形规　　　　　钢筋锥螺纹

图 3-8　牙形检验牙形示意图

锥螺纹丝头锥度与小端直径检验(见图 3-9)要求:丝头锥度与卡规或环规吻合,小端直径在卡规或环规的允许误差之内。

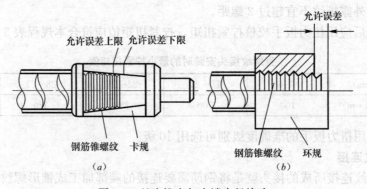

图 3-9　丝头锥度与小端直径检验

3)加工钢筋锥螺纹时,应采用水溶性切削润滑液;当气温低于 0℃时,应掺入 15%~20%亚硝酸钠。不得用机油作润滑液,或不加润滑液套丝。

4）在加工过程中要逐个检查丝头，达到质量要求的要用与钢筋规格相应的塑料保护套套上，避免受损伤。

5）连接钢筋时，钢筋规格和连接套的规格应一致，并确保钢筋和连接套的丝扣干净、完好无损；当钢筋带着连接套运输或安装入模时（有的钢筋预先与连接套一端接上），带连接套的钢筋应固定牢，连接套的外露端应有密封盖。

6）接头必须用力矩扳手拧紧。连接钢筋时，应对正轴线将钢筋拧入连接套，然后再用力矩扳手拧。接头拧紧值应满足表 3-16 规定的力矩值，不得超拧。拧紧后的接头应做上标记。

6. 锥螺纹连接接头的施工现场检验与验收

锥螺纹钢筋接头的安装质量应符合下列要求：

（1）接头安装时应严格保证钢筋与连接套筒的规格相一致；

（2）接头安装时应用扭力扳手拧紧，拧紧扭矩值应符合表 3-16 的要求；

锥螺纹接头安装时的拧紧扭矩值   表 3-16

钢筋直径（mm）	≤16	18～20	22～25	28～32	36～40
紧扭矩值（N·m）	100	180	240	300	360

（3）校核用扭力扳手与安装用扭力扳手应区分使用，校核用扭力扳手应每年校核 1 次，准确度级别应选用 5 级。

7. 钢筋机械连接接头的应用

（1）接头等级的选定应符合下列规定：

1）混凝土结构中要求充分发挥钢筋强度或对延性要求高的部位应优先选用Ⅱ级接头。当在同一连接区段内必须实施 100％钢筋接头的连接时，应采用Ⅰ级接头；

2）混凝土结构中钢筋应力较高但对延性要求不高的部位可采用Ⅲ级接头。

（2）结构构件中纵向受力钢筋的接头宜相互错开。钢筋机械连接的连接区段长度应按 $35d$ 计算。在同一连接区段内有接头的受力钢筋截面面积占受力钢筋总截面面积的百分率（以下简称接头百分率），应符合下列规定：

1）接头宜设置在结构构件受拉钢筋应力较小部位，当需要在高应力部位设置接头时，在同一连接区段内Ⅲ级接头的接头百分率不应大于 25％；Ⅱ级接头的接头百分率不应大于 50％。Ⅰ级接头的接头百分率可不受限制。

2）接头宜避开有抗震设防要求的框架的梁端、柱端箍筋加密区；当无法避开时，应采用Ⅱ级接头或Ⅰ级接头，且接头百分率不应大于 50％。

3）受拉钢筋应力较小部位或纵向受压钢筋，接头百分率可不受限制。

4）对直接承受动力荷载的结构构件，接头百分率不应大于 50％。

（3）当对具有钢筋接头的构件进行试验并取得可靠数据时，接头的应用范围可根据工程实际情况进行调整。

8. 接头的型式检验

型式检验是为了证明产品质量符合产品标准的全部要求而对产品进行的抽样检验，它是构成许多种类型认证的基础，主要适用于产品定型鉴定和评定产品质量是否全面地达到标准和设计要求。

型式检验报告是型式检验机构出具的型式检验结果判定文件。

（1）在下列情况应进行型式检验：

1）确定接头性能等级时；

2）材料、工艺、规格进行改动时；

3）型式检验报告超过 4 年时。

（2）用于型式检验的钢筋应符合有关钢筋标准的规定。

（3）对每种型式、级别、规格、材料、工艺的钢筋机械连接接头，型式检验试件不应少于 9 个：单向拉伸试件不应少于 3 个，高应力反复拉压试件不应少于 3 个，大变形反复拉压试件不应少于 3 个。同时应另取 3 根钢筋试件作抗拉强度试验。全部试件均应在同一根钢筋上截取。

型式检验试件的仪表布置和变形测量标距（见图 3-10）。

$$L_1 = L + 4d \qquad (3-3)$$

式中：L_1——变形测量标距；

L——机械接头长度；

d——钢筋公称直径。

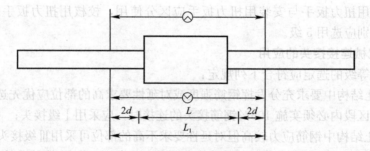

图 3-10　接头试件变形测量标距和仪表布置

（4）当试验结果符合下列规定时评为合格：

1）强度检验：每个接头试件的强度实测值均应符合表 3-17 中相应接头等级的强度要求；

Ⅰ级、Ⅱ级、Ⅲ级接头的抗拉强度　　　　　　表 3-17

接头等级	Ⅰ级		Ⅱ级	Ⅲ级
抗拉强度	$f_{mst}^0 \geq f_{stk}$　断于钢筋 或 $f_{mst}^0 \geq 1.10 f_{stk}$　断于接头		$f_{mst}^0 \geq f_{stk}$	$f_{mst}^0 \geq 1.25 f_{yk}$

注：f_{mst}^0——接头试件实测抗拉强度；

　　f_{stk}——钢筋抗拉强度标准值；

　　f_{yk}——钢筋屈服强度标准值。

2）变形检验：对残余变形和最大力总伸长率，3 个试件的平均实测值应符合表 3-18 的规定。

接头等级		Ⅰ级	Ⅱ级	Ⅲ级
单向拉伸	残余变形 (mm)	$u_0 \leqslant 0.10$ $(d \leqslant 32)$ $u_0 \leqslant 0.14$ $(d > 32)$	$u_0 \leqslant 0.14$ $(d \leqslant 32)$ $u_0 \leqslant 0.16$ $(d > 32)$	$u_0 \leqslant 0.14$ $(d \leqslant 32)$ $u_0 \leqslant 0.16$ $(d > 32)$
	最大力总伸长率 (%)	$A_{sgt} \geqslant 6.0$	$A_{sgt} \geqslant 6.0$	$A_{sgt} \geqslant 6.0$
高应力反复拉压	残余变形 (mm)	$u_{20} \leqslant 0.3$	$u_{20} \leqslant 0.3$	$u_{20} \leqslant 0.3$
大变形反复拉压	残余变形 (mm)	$u_4 \leqslant 0.3$ 且 $u_8 \leqslant 0.6$	$u_4 \leqslant 0.3$ 且 $u_8 \leqslant 0.6$	$u_4 \leqslant 0.6$

注：u_0——接头试件加载至 $0.6f_{yk}$ 并卸载后在规定标距内的残余变形；

　　d——钢筋公称直径；

　　A_{sgt}——接头试件的最大力总伸长。

（5）型式检验应由国家、省部级主管部门认可的检测机构进行，并应按标准规定的格式出具检验报告和评定结论。

9. 施工现场接头的检验与验收

（1）工程中应用钢筋机械连接接头时，应由该技术提供单位提交有效的型式检验报告。

（2）钢筋连接工程开始前，应对不同生产厂的进场钢筋进行接头工艺检验；施工过程中，更换钢筋生产厂时，应补充进行工艺检验。工艺检验应符合下列规定：

1）每种规格钢筋的接头试件不应少于 3 根；

2）每根试件的抗拉强度和 3 根接头试件的残余变形的平均值均应符合表 3-17 和表 3-18 的规定；

3）接头试件在测量残余变形后可再进行抗拉强度试验，并宜按标准中规定的单向拉伸加载制度进行试验；

4）第一次工艺检验中 1 根试件抗拉强度或 3 根试件的残余变形平均值不合格时，允许再抽 3 根试件进行复验，复验仍不合格时判为工艺检验不合格。

（3）接头的现场检验按验收批进行。同一施工条件下采用同一批材料的同等级、同型式、同规格接头，以 500 个为一个验收批进行检验与验收，不足 500 个也作为一个验收批。

（4）螺纹接头安装后应按上条的验收批，抽取其中 10% 的接头进行拧紧扭矩校核，拧紧扭矩值不合格数超过被校核接头数的 5% 时，应重新拧紧全部接头，直到合格为止。

（5）对接头的每一验收批，必须在工程结构中随机截取 3 个接头试件作抗拉强度试验，按设计要求的接头等级进行评定。当 3 个接头试件的抗拉强度均符合表 3-17 中相应等级的要求时，该验收批应评为合格。如有 1 个试件的强度不符合要求，应再取 6 个试件进行复检。复检中如仍有 1 个试件的强度不符合要求，则该验收批应评为不合格。

（6）现场检验连续 10 个验收批抽样试件抗拉强度试验 1 次合格率为 100% 时，验收批接头数量可以扩大 1 倍。

（7）现场截取抽样试件后，原接头位置的钢筋可采用同等规格的钢筋进行搭接，或采用焊接及机械连接方法补接。

（8）对抽检不合格的接头验收批，应由建设方会同设计等有关方面研究后提出处理方案。

3.2 钢筋的试验方法

3.2.1 检测依据

《钢筋混凝土用钢　第1部分：热轧光圆钢筋》GB 1499.1—2008

《钢筋混凝土用钢　第2部分：热轧带肋钢筋》GB/T 1499.2—2007

《金属材料拉伸试验　第1部分：室温试验方法》GB/T 228—2010

《金属材料　弯曲试验方法》GB/T 232—2010

《金属材料　线材　反复弯曲试验方法》GB/T 238—2002

3.2.2 钢筋混凝土用钢

1. 钢筋牌号的构成及其含义（见表3-19）

钢筋牌号的构成及含义   表 3-19

产品名称	牌号	牌号构成	英文字母含义
热轧光圆钢筋	HPB235	由 HPB＋屈服强度特征值构成	HPB—热轧光圆钢筋的英文（Hot rolled Plain Bars）缩写
	HPB300		
类别	牌号	牌号构成	英文字母含义
普通热轧钢筋	HRB335	由 HRB＋屈服强度特征值构成	HRB—热轧带肋钢筋的英文（Hot rolled Ribbed Bars）缩写
	HRB400		
	HRB500		
细晶粒热轧钢筋	HRBF335	由 HRBF＋屈服强度特征值构成	HRBF—在热轧带肋钢筋的英文缩写后加"细"的英文（Fine）首位字母
	HRBF400		
	HRBF500		

2. 公称直径范围及推荐直径：

（1）热轧光圆钢筋的公称直径范围为6～22mm，推荐的钢筋公称直径为6mm、8mm、10mm、12mm、16mm、20mm。

（2）热轧带肋钢筋的公称直径范围为6～50mm，推荐的钢筋公称直径为6mm、8mm、10mm、12mm、16mm、20mm、25mm、32mm、40mm、50mm。

3. 公称横截面面积与理论重量

（1）热轧光圆钢筋（见表3-20）

热轧光圆钢筋横截面面积与理论重量   表 3-20

公称直径（mm）	公称横截面面积（mm²）	理论重量（kg/m）
6（6.5）	28.27（33.18）	0.222（0.260）
8	50.27	0.395
10	78.54	0.617
12	113.1	0.888
14	153.9	1.21

公称直径（mm）	公称横截面面积（mm²）	理论重量（kg/m）
16	201.1	1.58
18	254.5	2.00
20	314.2	2.47
22	380.1	2.98

注：表中理论重量按密度为 7.85g/cm³ 计算。公称直径 6.5 的产品为过渡性产品。

（2）热轧带肋钢筋（见表 3-21）

热轧带肋钢筋横截面面积与理论重量　　　　　表 3-21

公称直径（mm）	公称横截面面积（mm²）	理论重量（kg/m）
6	28.27	0.222
8	50.27	0.395
10	78.54	0.617
12	113.1	0.888
14	153.9	1.21
16	201.1	1.58
18	254.5	2.00
20	314.2	2.47
22	380.1	2.98
25	490.9	3.85
28	615.8	4.83
32	804.2	6.31
36	1018	7.99
40	1257	9.87
50	1964	15.42

4. 长度及允许偏差

（1）热轧光圆钢筋可按直条或盘卷交货，直条钢筋定尺长度应在合同中注明。按定尺长度交货的直条钢筋其长度允许偏差范围为 0～+50mm。

（2）热轧带肋钢筋通常按定尺长度交货，具体交货长度应在合同中注明。钢筋可以盘卷交货，每盘应是一条钢筋，允许每批有 5% 的盘数（不足两盘时可有两盘）由二条钢筋组成。其盘重及盘径由供需双方协商确定。钢筋按定尺交货时的长度允许偏差为 ±25mm。当要求最小长度时，其偏差为 +50mm。当要求最大长度时，其偏差为 -50mm。

5. 检验项目

（1）热轧光圆钢筋（见表 3-22）

热轧光圆钢筋检验项目　　　　　表 3-22

序　号	检验项目	取样数量	取样方法	试验方法
1	化学成分（熔炼分析）	1	GB/T 20066	GB/T 223 GB/T 4336
2	拉伸	2	任选两根钢筋切取	GB/T 228、本标准 8.2

序　号	检验项目	取样数量	取样方法	试验方法
3	弯曲	2	任选两根钢筋切取	GB/T 232、本标准 8.2
4	尺寸	逐支（盘）		本标准 8.3
5	表面	逐支（盘）		目视
6	重量偏差	本标准 8.4		本标准 8.4

注：对化学分析和拉伸试验结果有争议时，仲裁试验分别按 GB/T 223、GB/T 228 进行。

（2）热轧带肋钢筋（见表 3-23）

热轧带肋钢筋检验项目　　　　　　　　　　表 3-23

序　号	检验项目	取样数量	取样方法	试验方法
1	化学成分（熔炼分析）	1	GB/T 20066	GB/T 223 GB/T 4336
2	拉伸	2	任选两根钢筋切取	GB/T 228、本标准 8.2
3	弯曲	2	任选两根钢筋切取	GB/T 232、本标准 8.2
4	反向弯曲	1	任选两根钢筋切取	YB/T 5126、本标准 8.2
5	疲劳试验	供需双方协议		
6	尺寸	逐支		本标准 8.3
7	表面	逐支		目视
8	重量偏差	本标准 8.4		本标准 8.4
9	晶粒度	2	任选两根钢筋切取	GB/T 6394

注：对化学分析和拉伸试验结果有争议时，仲裁试验分别按 GB/T 223、GB/T 228 进行。

6. 拉伸、弯曲、反向弯曲试验

拉伸、弯曲、反向弯曲试验试样不允许进行车削加工。

计算钢筋强度用截面面积采用公称横截面面积。

反向弯曲试验时，经正向弯曲后的试样，应在 100℃ 温度下保持不少于 30min，经自然冷却后再反向弯曲。当供方能保证钢筋经人工时效后的反向弯曲性能时，正向弯曲后的试样亦可在室温下直接进行反向弯曲。

7. 尺寸测量

（1）钢筋直径的测量应精确到 0.1mm。

（2）带肋钢筋内径的测量应精确到 0.1mm。

带肋钢筋纵肋、横肋高度的测量采用测量同一截面两侧横肋中心高度平均值的方法，即测取钢筋最大外径，减去该处内径，所得数值的一半为该处肋高，应精确到 0.1mm。

带肋钢筋横肋间距采用测量平均肋距的方法进行测量。即测取钢筋一面上第 1 个与第 11 个横肋的中心距离，该数值除以 10 即为横肋间距，应精确到 0.1mm。

8. 重量偏差的测量

测量钢筋重量偏差时，试样应从不同钢筋上截取，数量不少于 5 支，每支试样长度不小于 500mm。长度应逐支测量，应精确到 1mm。测量试样总重量时，应精确到不大于总重量的 1%。

钢筋实际重量与公称重量的偏差（%）按下式计算：

$$重量偏差 = \frac{试样实际总重量×试样总长度×公称重量}{试样总长度×公称重量}×100 \qquad (3-4)$$

9. 检验规则

钢筋的检验分为特征值检验和交货检验。

（1）特征值检验

特征值检验适用于下列情况：

供方对产品质量控制的检验；

需方提出要求，经供需双方协议一致的检验；

第三方产品认证及仲裁检验。

（2）交货检验

交货检验适用于钢筋验收批的检验。

钢筋应按批进行检查和验收，每批由同一牌号、同一炉罐号、同一规格的钢筋组成。每批重量不大于60t。超过60t的部分，每增加40t（或者不足40t的余数），增加一个拉伸试验试样和一个弯曲试验试样。

允许由同一牌号、同一冶炼方法、同一浇注方法的不同炉罐号组成混合批，但各炉罐号含碳量之差不大于0.02%，含锰量之差不大于0.15%。混合批的重量不大于60t。

10. 钢筋在最大力下总伸长率的测定方法

（1）原始标距的标记和测量

在试样自由长度范围内，均匀划分为10mm或5mm的等间距标记，标记的划分和测量应符合《金属材料　拉伸试验　第1部分：室温试验方法》GB/T 228—2010的有关要求。

（2）断裂后的测量

选择Y和V两个标记，这两个标记之间的距离在拉伸试验之前至少应为100mm。两个标记都应当位于夹具离断裂点最远的一侧。两个标记离开夹具的距离都应不小于20mm或钢筋公称直径 d（取二者之较大者）；两个标记与断裂点之间的距离应不小于50mm或2d（取二者之较大者）。见图3-11。

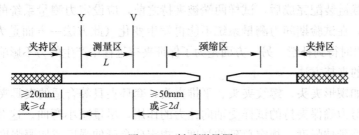

图 3-11　断后测量图

在最大力作用下试样总伸长率 A_{gt}（%）可按式（3-5）计算：

$$A_{gt} = \left[\frac{L-L_0}{L} + \frac{R_m^{\circ}}{E}\right]×100 \qquad (3-5)$$

式中：L——图 4-2-A.1 所示断裂后的距离，单位为毫米（mm）；

L_0——试验前同样标记间的距离，单位为毫米（mm）；

R_m°——抗拉强度，单位为兆帕（MPa）；

E——弹性模量，其值可取为 2×10^5，单位为兆帕（MPa）。

3.2.3 拉伸试验

1. 原理

拉伸试验是用拉力拉伸试样，一般拉至断裂，测定钢材在拉伸过程中应力和应变之间的关系曲线以及屈服点、抗拉强度和伸长率三个重要指标，以评定钢材的质量。

除非另有规定，试验一般在室温 $10 \sim 35℃$ 范围内进行。对温度要求严格的试验，试验温度应为 $23 \pm 5℃$。

2. 试样及试验设备

（1）试样

试样的形状与尺寸取决于要被试验的金属产品的形状与尺寸。

通常从产品、压制坯或铸锭切取样坯经机加工制成试样。但具有恒定横截面的产品（型材、棒材、线材等）和铸造试样（铸铁和铸造非铁合金）可以不经机加工而进行试验。

试样横截面可以为圆形、矩形、多边形、环形，特殊情况下可以为某些其他形状。

（2）试验设备

1）万能试验机（精确度 $\pm 1\%$）；

2）引伸计（包括记录器或指示器）；

3）引伸计的准确度级别应符合《单轴试验用引伸的标定》GB/T 12160—2002 的要求。测定上屈服强度、下屈服强度、屈服点延伸率、规定非比例延伸强度、规定总延伸强度、规定残余延伸强度，以及规定残余延伸强度的验证试验，应使用不劣于 1 级准确度的引伸计；测定其他具有较大延伸率的性能，例如抗拉强度、最大力总延伸率和最大力非比例延伸率、断裂总伸长率，以及断后伸长率，应作用不劣于 2 级准确度的引伸计。

试样尺寸测量仪器（精确度 $0.1mm$）。

3. 试验要求

（1）设定试验力零点

在试验加载链装配完成后，试样两端被夹持之前，应设定力测量系统的零点。一旦设定了力值零点，在试验期间力测量系统不能再发生变化（此方法一方面是为了确保夹持系统的重量在测力时得到补偿，另一方面是为了保证夹持过程中产生的力不影响力值的测量）。

（2）试样的夹持方法

应使用例如楔形夹头、螺纹夹头、平推夹头、套环夹具等合适的夹具夹持试样。

应尽最大努力确保夹持的试样受轴向拉力的作用，尽量减小弯曲。这对试验脆性材料或测定规定塑性延伸强度、规定总延伸强度、规定残余延伸强度或屈服强度时尤为重要。

为了得到直的试样和确保试样与夹头对中，可以施加不超过规定强度或预期屈服强度的 5% 相应的预拉力。宜对预拉力的延伸影响进行修正。

（3）应力速率控制的试验速率

试验速率取决于材料特性并应符合下列要求。如果没有其他规定，在应力达到规定屈服强度的一半之前，可以采用任意的试验速率。超过这点以后的试验速率应满足下述规定。

1) 上屈服强度 R_{eH}

在弹性范围和直至上屈服强度，试验机夹头的分离速率应尽可能保持恒定并在表 3-24 规定的应力速率的范围内。

应力速率 表 3-24

材料弹性模量 EMPa	应力速率 R（MPa·s^{-1}）	
	最小	最大
<150000	2	20
≥150000	6	60

2) 下屈服强度 R_{eL}

如仅测定下屈服强度，在试样平行长度的屈服期间应变速率应在 0.00025～0.0025s^{-1} 之间。平行长度内的应变速率应尽可能保持恒定。如不能直接调节这一应变速率，应通过调节屈服即将开始前的应力速率来调整，在屈服完成之前不再调节试验机的控制。

任何情况下，弹性范围内的应力速率不得超过表 16 规定的最大速率。

3) 规定塑性延伸强度 R_p、规定总延伸强度 R_t 和规定残余延伸强度 R_r

在弹性范围试验机的横梁位移速率应在表 3-24 规定的应力速率范围内，并尽可能保持恒定。

在塑性范围和直至规定强度（规定塑性延伸强度、规定总延伸强度和规定残余延伸强度）应变速率不应超过 0.0025s^{-1}。

4) 抗拉强度 R_m、断后伸长率 A、最大力总延伸率 A_{gt}、最大力塑性延伸率 A_g 和断面收缩率 Z

测定屈服强度或塑性延伸强度后，试验速率可以增加到不大于 0.008s^{-1} 的应变速率（或等效的横梁分离速率）。

如果仅仅需要测定材料的抗拉强度，在整个试验过程中可以选取不超过 0.008s^{-1} 的单一试验速率。

（4）上屈服强度的测定

上屈服强度 R_{eH} 可以从力-延伸曲线图或峰值力显示器上测得，定义为力首次下降前的最大力值对应的应力。

（5）下屈服强度的测定

下屈服强度 R_{eL} 可以从力-延伸曲线上测得，定义为不计初始瞬时效应时屈服阶段中的最小力所对应的应力。

（6）断后伸长率的测定

为了测定断后伸长率，应将试样断裂的部分仔细地配接在一起使其轴线处于同一直线上，并采取特别措施确保试样断裂部分适当接触后测量试样断后标距。这对小横截面试样和低伸长率试样尤为重要。

$$A = \frac{L_u - L_0}{L_0} \times 100 \qquad (3-6)$$

式中：L_0——原始标距；

L_u——断后标距。

应使用分辨力足够的量具或测量装置测定断后伸长量（$L_u - L_0$），并准确到±0.25mm。

如规定的最小断后伸长率小于5%，则采用下述方法测定：试验前在平行长度的两端处做一很小的标记。使用调节到标距的分规，分别以标记为圆心划一圆弧。拉断后，将断裂的试样置于一装置上，最好借助螺丝施加轴向力，以使其在测量时牢固地对接在一起。以最接近断裂的原圆心为圆心，以相同的半径划第二个圆弧。用工具显微镜或其他合适的仪器测量两个圆弧之间的距离即为断后伸长，准确到±0.02mm。为使划线清晰可见，试验前涂上一层染料。

原则上只有断裂处与最接近的标距标记的距离不小于原始标距的三分之一情况方为有效。但断后伸长率大于或等于规定值，不管断裂位置处于何处测量均为有效。如断裂处与最接近的标距标记的距离小于原始标距的三分之一时，可采用移位法测定断后伸长率。

试验前将试样原始标距细分为5mm（推荐）到10mm的N等份；试验后，以符号X表示断裂后试样短段的标距标记，以符号Y表示断裂试样长段的等分标记，此标记与断裂处的距离最接近于断裂处至标距标记X的距离。

如X与Y之间的分格数为n，按如下测定断后伸长率：

1）如$N-n$为偶数，测量X与Y之间的距离l_{XY}和测量从Y至距离为$(N-n)/2$个分格的Z标记之间的距离l_{YZ}，按下式计算断后伸长率（见图3-12）：

$$A = \frac{l_{XY} + 2l_{YZ} - L_0}{L_0} \times 100 \tag{3-7}$$

2）如$N-n$为奇数，测量X与Y之间的距离，以及从Y至距离分别为$(N-n-1)/2$和$(N-n+1)/2$个分格的Z′和Z″标记之间的距离l_{YZ}和$l_{YZ'}$。按下式计算断后伸长率（见图3-13）：

$$A = \frac{l_{XY} + l_{YZ'} + l_{YZ''} - L_0}{L_0} \times 100 \tag{3-8}$$

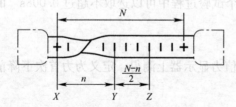

图3-12 测定断后伸长率，$N-n$为偶数　　图3-13 测定断后伸长率，$N-n$为奇数

（7）试验结果数值的修约

试验测定的性能结果数值应按照相关产品标准的要求进行修约。如未规定具体要求，应按照如下要求进行修约：

1）强度性能值修约至1MPa；

2）屈服点延伸率修约至0.1%，其他延伸率和断后伸长率修约至0.5%；

3）断面收缩率修约至1%。

（8）试件原始横截面积测定

1）厚度0.1～<3mm薄板和薄带使用的试样类型

原始横截面积应根据试样的尺寸测量值计算得到。

原始横截面积的测定应准确到±2%。当误差的主要部分是由于试样厚度的测量所引起的，宽度的测量误差不应超过±0.2%。

为了减小试验结果的测量不确定度，建议原始横截面积应准确至或优于±1%。

2）直径或厚度小于4mm线材、棒材和型材使用的试样类型

原始横截面积的测定应准确到±1%。

对于圆形横截面的产品，应在两个相互垂直方向测量试样的直径，取其算术平均值计算横截面积。

可以根据测量的试样长度、试样质量和材料密度，按下式确定其原始横截面积：

$$S_0 = \frac{1000 \cdot m}{\rho \cdot L_t} \tag{3-9}$$

式中：m——试样质量，单位为克（g）；

$\quad\quad L_t$——试样的总长度，单位为毫米（mm）；

$\quad\quad \rho$——试样材料密度，单位为克每立方厘米（g·cm^{-3}）。

3）厚度等于或大于3mm板材和扁材以及直径或厚度等于或大于4mm线材、棒材和型材使用的试样类型

对于圆形横截面和四面机加工的矩形横截面试样，如果试样的尺寸公差和形状公差均满足标准对试样横向尺寸公差的要求，可以用名义尺寸计算原始横截面积。对于所有其他类型的试样，应根据测量的原始试样尺寸计算原始横截面积 S_0，测量每个尺寸应准确到±0.5%。

4）管材使用的试样类型

试样原始横截面积的测定应准确到±1%。

管段试样、不带头的纵向或横向试样的原始横截面积可以根据测量的试样长度、试样质量和材料密度计算。

3.2.4 弯曲试验

1. 原理

弯曲试验是以圆形、方形、矩形或多边形横截面试样在弯曲装置上经受弯曲塑性变形，不改变加力方向，直至达到规定的弯曲角度。

弯曲试验时，试样两臂的轴线保持在垂直于弯曲轴的平面内。如为弯曲180°角的弯曲试验，按照相关产品标准的要求，可以将试样弯曲至两臂直接接触或两臂相互平行且相距规定距离，可使用垫块控制规定距离。

2. 试样及试验设备

（1）试样

试验使用圆形、方形、矩形或多边形横截面的试样。

试样应去除由于剪切或火焰切割或类似的操作而影响了材料性能的部分。如果试验结果不受影响，允许不去除试样受影响的部分。

（2）矩形试样的棱边

试样表面不得有划痕和损伤。方形、矩形和多边形横截面试样的棱边应倒圆，倒圆半径不超过以下数值：

1) 1mm，当试样厚度小于 10mm；

2) 1.5mm，当试样厚度大于或等于 10mm 且小于 50mm；

3) 3mm，当试样厚度不小于 50mm。

棱边倒圆时不应形成影响试验结果的横向毛刺、伤痕或刻痕。如果试验结果不受影响，允许试样的棱边不倒圆。

（3）试样的宽度

试样宽度应按相关产品标准的要求。如未具体规定，试样宽度应按照如下要求：

1) 当产品宽度不大于 20mm，试样宽度为原产品宽度；

2) 当产品大于 20mm 时：

① 当产品厚度小于 3mm 时，试样宽度为（20±5）mm；

② 当产品厚度不小于 3mm 时，试样宽度在 20～50mm 之间。

（4）试样的厚度

试样的厚度或直径应按照相关产品标准的要求，如未具体规定，应按照以下要求：

对于板材、带材和型材，产品厚度应为原产品厚度。如果产品厚度大于 25mm 时，试样厚度可以机加工减薄至不小于 25mm，并保留一侧原表面。弯曲试验时，试样保留的原表面应位于受拉变形一侧。

直径（圆形横截面）或内切圆直径（多边形横截面）不大于 30mm 的产品，其试样横截面应为原产品的横截面。对于直径或多边形横截面内切圆直径超过 30mm 但不大于 50mm 的产品，可以将其机加工成横截面内切圆直径不小于 25mm 的试样。直径或多边形内切圆直径大于 50mm 的产品，应将其加工成横截面内切圆直径不小于 25mm 的试样。试验时，试样未经机加工的原表面应置于受拉变形的一侧。

（5）试验设备

弯曲试验应在配备下列弯曲装置之一的试验机或压力机上完成：

1) 配有两个支辊和一个弯曲压头的支辊式弯曲装置

支辊长度和弯曲压头的宽度应大于试样宽度或直径。弯曲压头的直径由产品标准规定。支辊和弯曲压头应具有足够的硬度。

除非另有规定，支辊间距离 l 应按照下式确定：

$$l = (D + 3a) \pm \frac{a}{2} \qquad (3\text{-}10)$$

此距离在试验期间应保持不变。

2) 配有一个 V 形模具和一个弯曲压头的 V 型模具式弯曲装置

模具的 V 形槽其角度应为（180°−α），弯曲角度 α 应在相关产品标准中规定。

模具的支承棱边应倒圆，其倒圆半径应为（1～10）倍试样厚度。模具和弯曲压头宽度应大于试样宽度或直径并应具有足够的硬度。

3) 虎钳式弯曲装置

装置由虎钳及有足够硬度的弯曲压头组成，可以配置加力杠杆。弯曲压头宽度应按照相关产品标准要求，弯曲压头宽度应大于试样宽度或直径。

由于虎钳左端面的位置会影响测试结果，因此虎钳的左端面不能达到或者超过弯曲压头中心垂线。

3. 试验程序

试验过程中应采取足够的安全措施和防护装置。

试验一般在 10～35℃的室温范围内进行。对温度要求严格的试验，试验温度应为 23±5℃。

（1）按照相关产品标准规定，采用下列方法之一完成试验。

1）试样在给定的条件和在力作用下弯曲至规定的弯曲角度；

2）试样在力作用下弯曲至两臂相距规定距离且相互平行；

3）试样在力作用下弯曲至两臂直接接触。

（2）试样弯曲至规定弯曲角度的试验，应将试样放于两支辊或 V 形模具上，试样轴线应与弯曲压头轴线垂直，弯曲压头在两支座之间的中点处对试样连续施加力使其弯曲，直至达到规定的弯曲角度。

弯曲试验时，应当缓慢地施加弯曲力，以使材料能够自由地进行塑性变形。

当出现争议时，试验速度应为（1±0.2）mm/s。

使用上述方法如不能直接达到规定的弯曲角度，可将试样置于两平行压板之间，连续施加力压其两端使其进一步弯曲，直至达到规定的弯曲角度。

（3）试样弯曲至两臂相互平行的试验，首先对试样进行初步弯曲，然后将试样置于两平行压板之间连续施加力压其两端使进一步弯曲，直至两臂平行。试验时可以加或不加内置垫块。垫块厚度等于规定的弯曲压头直径，除非产品标准中另有规定。

（4）试样弯曲至两臂直接接触的试验，首先将试样进行初步弯曲，然后将试样置于两平行压板之间，连续施加力压其两端使进一步弯曲，直至两臂直接接触。

4. 试验结果评定

（1）应按照相关产品标准的要求评定弯曲试验结果。如未规定具体要求，弯曲试验后不使用放大仪器观察，试样弯曲外表面无可见裂纹应评定为合格。

（2）以相关产品标准规定的弯曲角度作为最小值；若规定弯曲压头直径，以规定的弯曲压头直径作为最大值。

3.2.5 反复弯曲试验

1. 原理

反复弯曲试验是将试样一端固定，绕规定半径的圆柱支座弯曲 90°，再沿相反方向弯曲的重复弯曲试验。

2. 试样及试验设备

（1）试样

线材试样应尽可能平直。但试验时，在其弯曲平面内允许有轻微的弯曲。

必要时试样可以用手矫直。在用手不能矫直时，可在木材、塑性材料或铜的平面上用相同材料的锤头矫直。

在矫直过程中，不得损伤线材表面，且试样也不得产生任何扭曲。

有局部硬弯的线材应不矫直。

（2）试验机组成

1）圆柱支座和夹块

圆柱支座和夹持块应有足够的硬度（以保证其刚度和耐磨性）。

圆柱支座半径不得超出标准给出的公称尺寸允许偏差。

圆柱支座轴线应垂直于弯曲平面并相互平行，而且在同一平面内，偏差不超过 0.1mm。

夹块的夹持面应稍突出于圆柱支座但不超过 0.1mm，即测量两圆柱支座的曲率中心连线上试样与圆柱支座间的间隔不大于 0.1mm。

夹块的顶面应低于两圆柱支座曲率中心连线，当圆柱支座半径等于或小于 2.5mm 时，y 值（两圆柱支座轴线所在平面与试样最近接触点的距离）为 1.5mm；当圆柱支座半径大于 2.5mm 时，y 值为 3mm。

2）弯曲臂及拨杆

对于所有尺寸的圆柱支座，弯曲臂的转动轴心至圆柱支座顶部的距离均为 1.0mm。

拨杆孔两端应稍大，且孔径应符合标准规定。

（3）试验程序

1）试验一般应在室温 10～35℃ 内进行，对温度要求严格的试验，试验温度应为 23±5℃。

2）根据线材直径，选择圆柱支座半径 r，圆柱支座顶部至拨杆底部距离 h 以及拨杆孔直径 d_g。

3）使弯曲臂处于垂直位置，将试样由拨杆孔插入，试样下端用夹块夹紧，并使试样垂直于圆柱支座轴线（非圆形试样的夹持，应使其较大尺寸平行于或近似平行于夹持面）。

4）弯曲试验是将试样弯曲 90°，再向相反方向交替进行；将试样自由端弯曲 90°，再返回至起始位置作为第一次弯曲。然后，依次向相反方向进行连续而不间断地反复弯曲。

5）弯曲操作应以每秒不超过一次的均匀速率平稳无冲击地进行，必要时，应降低弯曲速率以确保试样产生的热不致影响试验结果。

6）试验中为确保试样与圆柱支座圆弧面的连续接触，可对试样施加某种形式的张紧力。除非相关产品标准中另有规定，施加的张紧力不得超过试样公称抗拉强度相对应力值的 2%。

7）连续试验至相关产品标准中规定的弯曲次数或肉眼可见的裂纹为止；或者如相关产品标准规定，连续试验至试样完全断裂为止。

8）试样断裂的最后一次弯曲不计入弯曲次数 N_b。

第4章 实验管理

4.1 建筑工程检测试验技术管理

4.1.1 基本规定

1. 建筑工程施工现场检测试验技术管理应按以下程序进行：

（1）制订检测试验计划；

（2）制取试样；

（3）登记台账；

（4）送检；

（5）检测试验；

（6）检测试验报告管理。

2. 建筑工程施工现场应配备满足检测试验需要的试验人员、仪器设备、设施及相关标准。

3. 建筑工程施工现场检测试验的组织管理和实施应由施工单位负责。当建筑工程实行施工总承包时，可由总承包单位负责整体组织管理和实施，分包单位按合同确定的施工范围各负其责。

4. 施工单位及其取样、送检人员必须确保提供的检测试样具有真实性和代表性。

5. 承担建筑工程施工检测试验任务的检测单位应符合下列规定：

（1）当行政法规、国家现行标准或合同对检测单位的资质有要求时，应遵守其规定；当没有要求时，可由施工单位的企业试验室试验，也可委托具备相应资质的检测机构检测；

（2）对检测试验结果有争议时，应委托共同认可的具备相应资质的检测机构重新检测；

（3）检测单位的检测试验能力应与其所承接检测试验项目相适应。

6. 见证人员必须对见证取样和送检的过程进行见证，且必须确保见证取样和送检过程的真实性。

7. 检测方法应符合国家现行相关标准的规定。当国家现行标准未规定检测方法时，检测机构应制定相应的检测方案并经相关各方认可，必要时应进行论证或验证。

8. 检测机构应确保检测数据和检测报告的真实性和准确性。

9. 建筑工程施工检测试验中产生的废弃物、噪声、振动和有害物质等的处理、处置，应符合国家现场行标准的相关规定。

4.1.2 检测试验项目

1. 材料、设备进场检测

（1）材料、设备的进场检测内容应包括材料性能复试和设备性能测试。

（2）进场材料性能复试与设备性能测试的项目和主要检测参数，应依据国家现行相关标准、设计文件和合同要求确定。

（3）对不能在施工现场制取试样或不适于送检的大型构配件及设备等，可由监理单位与施工单位等协商在供货方提供的检测场所进行检测。

2. 施工过程质量检测试验

（1）施工过程质量检测试验项目和主要检测试验参数应依据国家现行相关标准、设计文件、合同要求和施工质量控制的需要确定。

（2）施工过程质量检测试验的主要内容应包括：土方回填、地基与基础、基坑支护、结构工程、装饰装修等5类。施工过程质量检测试验项目、主要检测试验参数和取样依据可按表4-1的规定确定。

（3）施工工艺参数检测试验项目应由施工单位根据工艺特点及现场施工条件确定，检测试验任务可由企业试验室承担。

施工过程质量检测试验项目、主要检测试验参数和取样依据　　　　　　　表 4-1

序 号	类 别	检测试验项目	主要检测试验参数	取样依据	备 注
1	土方回填	土工击实	最大干密度	《土工试验方法标准》GB/T 50123	
			最优含水率		
		压实程度	压实系数*	《建筑地基基础设计规范》GB 50007	
2	地基与基础	换填地基	压实系数* 或承载力	《建筑地基处理技术规范》JGJ 79	
		加固地基、复合地基	承载力	《建筑地基基础工程施工质量验收规范》GB 50202	
		桩基	承载力	《建筑基桩检测技术规范》JGJ 106	
			桩身完整性		钢桩除外
3	基坑支护	土钉墙	土钉抗拔力	《建筑基坑支护技术规程》JGJ 120	
		水泥土墙	墙身完整性		
			墙体强度*		设计有要求时
		锚杆、锚索	锁定力		

序号	类别	检测试验项目		主要检测试验参数	取样依据	备注
4	结构工程	钢筋连接	机械连接工艺检验*	抗拉强度	《钢筋机械连接通用技术规程》JGJ 107	
			机械连接现场检验			
			钢筋焊接工艺检验*	抗拉强度	《钢筋焊接及验收规程》JGJ 18	适用于闪光对焊、气压焊接头
				弯曲		
			闪光对焊	抗拉强度		
				弯曲		
			气压焊	抗拉强度		适用于水平连接筋
				弯曲		
			电弧焊、电渣压力焊、预埋件钢筋T形接头	抗拉强度		
			网片焊接	抗剪力		热轧带肋钢筋
				抗拉强度		冷扎带肋钢筋
				抗剪力		
		混凝土	混凝土配合比设计	工作性	《普通混凝土配合比设计规程》JGJ 55	指工作度、坍落度和坍落扩展度等
				强度等级		
			混凝土性能	标准养护试件强度	《混凝土结构工程施工质量验收规范》GB 50204《混凝土外加剂应用技术规范》GB 50119《建筑工程冬期施工规程》JGJ 104	同条件养护28d转标准养护28d试件强度和受冻临界强度试件按冬期施工相关要求增设，其他同条件试件根据施工需要留置
				同条件试件强度*（受冻临界、拆模、张拉、放张和临时负荷等）		
				同条件养护28d转标准养护28d试件强度		
				抗渗性能	《地下防水工程质量验收规范》GB 50208《混凝土结构工程施工质量验收规范》GB 50204	有抗渗要求时
		砌筑砂浆	砂浆配合比设计	强度等级	《砌筑砂浆配合比设计规程》JGJ 98	
				稠度		
			砂浆力学性能	标准养护试件强度	《砌体工程施工质量验收规范》GB 50203	
				同条件养护试件强度		冬期施工时增设
		钢结构	网架结构焊接球节点、螺栓球节点	承载力	《钢结构工程施工质量验收规范》GB 50205	安全等级一级、L≥40m且设计有要求时
			焊缝质量	焊缝探伤		
			后锚固（植筋、锚栓）	抗拔承载力	《混凝土结构后锚固技术规程》JGJ 145	
5	装饰装修	饰面砖粘贴		粘结强度	《建筑工程饰面砖粘结强度检验标准》JGJ 110	

注：带有"＊"标志的检测试验项目或检测试验参数可由企业试验室试验，其他检测试验项目或检测试验参数的检测应符合相关规定。

3. 工程实体质量与使用功能检测

（1）工程实体质量与使用功能检测项目应依据国家现行相关标准、设计文件及合同要求确定。

（2）工程实体质量与使用功能检测的主要内容应包括实体质量及使用功能等2类、工程实体质量与使用功能检测项目、主要检测参数和取样依据可按表4-2的规定确定。

工程实体质量与使用功能检测项目、主要检测试验参数和取样依据　　　　表 4-2

序 号	类 别	检测项目	主要检测参数	取样依据
1	实体质量	混凝土结构	钢筋保护层厚度	《混凝土结构工程施工质量验收规范》GB 50204
			结构实体检验用同条件养护试件强度	
		围护结构	外窗气密性能（适用于严寒、寒冷、夏热冬冷地区）	《建筑节能工程施工质量验收规范》GB 50411
			外墙节能构造	
2	使用功能	室内环境污染物	氡	《民用建筑工程室内环境污染控制规范》GB 50325
			甲醛	
			苯	
			氨	
			TVOC	
		系统节能性能	室内温度	《建筑节能工程施工质量验收规范》GB 50411
			供热系统室外管网的水力平衡度	
			供热系统的补水率	
			室外管网的热输送效率	
			各风口的风量	
			通风与空调系统的总风量	
			空调机组的水流量	
			空调系统冷热水、冷却水总流量	
			平均照度与照明功率密度	

4.1.3 管理要求

1. 管理制度

（1）施工现场应建立健全检测试验管理制度，施工项目技术负责人应组织检查检测试验管理制度的执行情况。

（2）检测试验管理制度应包括以下内容：

1）岗位职责；

2）现场试样制取及养护管理制度；

3）仪器设备管理制度；

4）现场检测试验安全管理制度；

5）检测试验报告管理制度。

2. 人员、设备、环境及设施

（1）现场试验人员应掌握相关标准，并经过技术培训、考核。

（2）施工现场配置的仪器、设备应建立管理台账，按有关规定进行计量检定或校准，并保持状态完好。

（3）施工现场试验环境及设施应满足检测试验工作的要求。

（4）单位工程建筑面积超过 10000m² 或造价超过 1000 万元人民币时，可设立现场试验站。现场试验站的基本条件应符合表 4-3 的规定。

现场试验站基本条件 表 4-3

项　目	基本条件
现场试验人员	根据工程规模和试验工作的需要配备，宜为 1 至 3 人
仪器设备	根据试验项目确定，一般应配备：天平、台（案）秤、温度计、湿度计、混凝土振动台、试模、坍落度筒、砂浆稠度仪、钢直（卷）尺、环刀、烘箱等
设施	工作间（操作间）面积不宜小于 15m²，温、湿度应满足有关规定
	对混凝土结构工程，宜设标准养护室，不具备条件时可采用养护箱或养护池，温、湿度应符合有关规定

3. 施工检测试验计划

（1）施工检测试验计划应在工程施工前由工程项目技术负责人组织有关人员编制，并应报送监理单位进行审查和监督实施。

（2）根据施工检测试验计划，应制订相应的见证取样和送检计划。

（3）施工检测试验计划应按检测试验项目分别编制，并应包括以下内容：

1）检测试验项目名称；

2）检测试验参数；

3）试样规格；

4）代表批量；

5）施工部位；

6）计划检测试验时间。

（4）施工检测试验计划编制应依据国家有关标准的规定和施工质量控制的需要，并应符合以下规定：

1）材料和设备的检测试验应依据预算量、进行计划及相关标准规定的抽检率确定抽检频次；

2）施工过程质量检测试验应依据施工流水段划分、工程量、施工环境及质量控制的需要确定抽检频次；

3）工程实体质量与使用功能检测应按照相关标准的要求确定检测频次；

4）计划检测试验时间应根据工程施工进度计划确定。

（5）发生下列情况之一并影响施工检测试验计划实施时，应及时调整施工检测试验计划：

1）设计变更；

2）施工工艺改变；

3）施工进度调整；

4）材料和设备的规格、型号和数量变化。

（6）调整后的检测试验计划应按规定重新进行审查。

4. 试样与标识

（1）进场材料的检测试样，必须从施工现场随机抽取，严禁在现场外制取。

施工过程质量检测试样，除确定工艺参数可制作模拟试样外，必须从现场相应的施工部位制取。

（2）工程实体质量与使用功能检测应依据相关标准抽取检测试样或确定检测部位。

（3）试样应有唯一性标识，并应符合下列规定：

1）试样应按照取样时间顺序连续编号，不得空号、重号；

2）试样标识的内容应根据试样的特性确定，宜包括：名称、规格（或强度等级）、制取日期等信息；

3）试样标识应字迹清晰、附着牢固。

（4）试样的存放、搬运应符合相关标准的规定。

（5）试样交接时，应对式样的外观、数量等进行检查确认。

5. 试样台账

（1）施工现场应按照单位工程分别建立下列试样台账：

1）钢筋试样台账；

2）钢筋连接接头试样台账；

3）混凝土试件台账；

4）砂浆试件台账。

（2）需要建立的其他试样台账。

1）现场试验人员制取试样并做出标识后，应按试样编号顺序登记试样台账。

2）检测试验结果为不合格或不符合要求时，应在试样台账中注明处置情况。

3）试样台账应作为施工资料保存。

4）试样台账的格式可按《建筑工程检测试验技术管理规范》JGJ 190—2010（以下简称规范）附录 B 执行。通用试样台账的格式可按规范附录 B 中表 B-1 执行，钢筋试样台账的格式可按规范附录 B 中表 B-2 执行，钢筋连接接头试样台账的格式可按规范附录 B 中表 B-3 执行，混凝土试件台账的格式可按规范附录 B 中表 B-4 执行，砂浆试件台账的格式可按规范附录 B 中表 B-5 执行。

6. 试样送检

（1）现场试验人员应根据施工需要及有关标准的规定，将标识后的试样及时送至检测单位进行检测试验。

（2）现场试验人员应正确填写委托单，有特殊要求时应注明。

（3）办理委托后，现场试验人员应将检测单位给定的委托编号在试样台账上登记。

7. 检测试验报告

（1）现场试验人员应及时获取检测试验报告，核查报告内容。当检测试验结果为不合格或不符合要求时，应及时报告施工项目技术负责人、监理单位及有关单位的相关人员。

（2）检测试验报告的编号和检测试验结果应在试样台账上登记。

（3）现场试验人员应将登记后的检测试验报告移交有关人员。

（4）对检测试验结果不合格的报告严禁抽撤、替换或修改。

（5）检测试验报告中的送检信息需要修改时，应有现场试验人员提出申请，写明原因，并经施工项目技术负责人批准。涉及见证检测报告送检信息修改时，尚应经见证人员同意并签字。

（6）对检测试验结果不合格的材料、设备和工程实体等质量问题，施工单位应依据相关标准的规定进行处理，监理单位应对质量问题的处理情况进行监督。

8. 见证管理

（1）见证检测的检测项目应按国家有关行政法规及标准的要求确定。

（2）见证人员应由具有建筑施工检测试验知识的专业技术人员担任。

（3）见证人员发生变化时，监理单位应通知相关单位，办理书面变更手续。

（4）需要见证检测的检测项目，施工单位应在取样及送检前通知见证人员。

（5）见证人员应对见证取样和送检的全过程进行见证并填写见证记录。

（6）检测机构接收试样时应核实见证人员及见证记录，见证人员与备案见证人员不符或见证记录无备案见证人员签字时不得接收试样。

（7）见证人员应核查见证检测的检测项目、数量和比例是否满足有关规定。

4.2 试验数字修约

4.2.1 依据

《数值修约规则与极限数值的表示和判定》GB/T 8170—2008

4.2.2 适用范围

适用于科学技术与生产活动中测试和计算得出的各种数值。当所得数值需要修约时，应按标准给出的规则进行。适用于各种标准或其他技术规范的编写和对测试结果的判定。

4.2.3 术语和定义

数值修约：通过省略原数值的最后若干位数字，调整所保留的末位数字，使最后所得到的值最接近原数值的过程。

修约间隔：修约值的最小数值单位。

例题1：如修约间隔为 0.1，修约值应在 0.1 的整数倍中选取，相当于将数值修约到一位小数。

例题2：如修约间隔为 100，修约值应在 100 的整数倍中选取，相当于将数值修约到"百"数位。

极限数值：标准（或技术规范）中规定考核的以数量形式给出且符合该标准（或技术规范）要求的指标数值范围的界限值。

4.2.4 数值修约规则

1. 确定修约间隔

(1) 指定修约间隔为 10^{-n}（n 为正整数），或指明将数值修约到 n 位小数；

(2) 指定定修约间隔为 1，或指明将数值修约到个数位；

(3) 指定修约间隔为 10^n（n 为正整数），或指明将数值修约到 10^n 数位，或指明将数值修约到"十"、"百"、"千"……数位。

2. 进舍规则

(1) 拟舍弃数字的最左一位数字小于 5，则舍去，保留其余各位数字不变。

例题 1：将 12.1498 修约到个位数，得 12；将 12.1498 修约到一位小数，得 12.1。

例题 2：将下列数字按 0.1 单位修约

10.5025	19.428	0.0395	0.04959

修约后：　10.5　　　19.4　　　0.0　　　0.0

(2) 拟舍弃数字的最左一位数字大于 5，则进一，即保留数字的末位数字加 1。

例题 1：将 1268 修约到"百"数位，得 13×10^2

例题 2：将下列数字修约到个数位

10.68	15.74	200.89	199.63

修约后：　11　　　16　　　201　　　200

(3) 拟舍弃数字的最左一位数字是 5，且其后有非 0 数字时进一，即保留数字的末位数字加 1。

例题 1：将 10.5002 修约到个数位，得 11。

例题 2：将下列数字按 0.1 单位修约

25.25001	49.9534	128.459	0.95001

修约后：　25.3　　　50.0　　　128.5　　　1.0

(4) 拟舍弃数字的最左一位数字为 5，且其后无数字或皆为 0 时，若所保留的末位数字为奇数（1，3，5，7，9）则进一，即保留数字的末位数字加 1；若所保留的末位数字为偶数（0，2，4，6，8），则舍去。

例题 1：修约间隔为 0.1（或 10^{-1}）

拟修约数值	修约值
1.050	1.0
0.35	0.4
1.250	1.2
1.75	1.8

例题 2：修约间隔为 1000（或 10^3）

拟修约数值	修约值
2500	2000
3500	4000

(5) 负数修约时，先将它的绝对值按（1）～（4）的规定进行修约，然后在所得值前面加上负号。

3. 不允许连续修约

（1）拟修约数字应在确定修约间隔或修约数位后一次修约获得结果，不得多次按 3.2 规则连续修约。

例题 1：修约 97.46，修约间隔为 1。

正确的做法：97.46→97。

不正确的做法：97.46→97.5→98。

例题 2：修约 15.4546，修约间隔为 1。

正确的做法：15.4546→15

不正确的做法：15.4546→15.455→15.46→15.5→16

（2）在具体实施中，有时测试与计算部门先将获得数值按指定的修约数位多一位或几位报出，而后由其他部门判定。

4. 0.5 单位修约与 0.2 单位修约

（1）在对数值进行修约时，若有必要，也可采用 0.5 单位修约或 0.2 单位修约。

（2）0.5 单位修约（半个单位修约）

0.5 单位修约是指按指定修约间隔对拟修约的数值 0.5 单位进行的修约。

0.5 单位修约方法如下：将拟修约数值 X 乘以 2，按指定修约间隔对 2X 依 3.2 的规则修约，所得数值（2X 修约值）再除以 2。

例题：将下列数字修约到"个"数位的 0.5 单位修约

拟修约数值 X	2X	2X 修约值	X 修约值
60.24	120.48	120	60.0
60.25	120.50	120	60.0
60.26	120.52	121	60.5
60.58	121.16	121	60.5
60.74	121.48	121	60.5
60.75	121.50	122	61.0

（3）0.2 单位修约

0.2 单位修约是指按指定修约间隔对拟修约的数值 0.2 单位进行的修约。

0.2 单位修约方法如下：将拟修约数值 X 乘以 5，按指定修约间隔对 5X 依 3.2 的规则修约，所得数值（5X 修约值）再除以 5。

例题：将下列数字修约到"百"数位的 0.2 单位修约。

拟修约数值 X	5X	5X 修约值	X 修约值
830	4150	4200	840
842	4210	4200	840
831	4160	4200	840
−930	−4650	−4600	−920